农事指南系列丛书

草莓产业关键实用技术 100 问

赵密珍　主编

中国农业出版社

北　京

图书在版编目（CIP）数据

草莓产业关键实用技术100问／赵密珍主编. —北京：中国农业出版社，2021.1
（农事指南系列丛书）
ISBN 978-7-109-27889-9

Ⅰ.①草…　Ⅱ.①赵…　Ⅲ.①草莓—果树园艺　Ⅳ.①S668.4

中国版本图书馆CIP数据核字（2021）第022257号

中国农业出版社出版
地址：北京市朝阳区麦子店街18号楼
邮编：100125
策划编辑：张丽四
责任编辑：陈　瑨
责任校对：刘丽香
印刷：中农印务有限公司
版次：2021年1月第1版
印次：2021年1月北京第1次印刷
发行：新华书店北京发行所
开本：700mm×1000mm　1/16
印张：7.25
字数：150千字
定价：50.00元

农事指南系列丛书编委会

总 主 编 易中懿

副总主编 孙洪武　沈建新

编　　委（按姓氏笔画排序）

　　　　　　吕晓兰　朱科峰　仲跻峰　刘志凌

　　　　　　李　强　李爱宏　李寅秋　杨　杰

　　　　　　吴爱民　陈　新　周林杰　赵统敏

　　　　　　俞明亮　顾　军　焦庆清　樊　磊

本 书 编 委 会

主　　编　赵密珍

参编人员（按姓氏笔画排序）

　　　　　　于红梅　王　静　王庆莲　关　玲

　　　　　　吴娥娇　陈晓东　庞夫花　袁华招

　　　　　　夏　瑾　蔡伟建

丛书序

习近平总书记在2020年中央农村工作会议上指出，全党务必充分认识新发展阶段做好"三农"工作的重要性和紧迫性，坚持把解决好"三农"问题作为全党工作重中之重，举全党全社会之力推动乡村振兴，促进农业高质高效、乡村宜居宜业、农民富裕富足。

"十四五"时期，是江苏认真贯彻落实习近平总书记视察江苏时"争当表率、争做示范、走在前列"的重要讲话指示精神、推动"强富美高"新江苏再出发的重要时期，也是全面实施乡村振兴战略、夯实农业农村现代化基础的关键阶段。农业现代化的关键在于农业科技现代化。江苏拥有丰富的农业科技资源，农业科技进步贡献率一直位居全国前列。江苏要在全国率先基本实现农业农村现代化，必须进一步发挥农业科技的支撑作用，加速将科技资源优势转化为产业发展优势。

江苏省农业科学院一直以来坚持把推进科技兴农为己任，始终坚持一手抓农业科技创新，一手抓农业科技服务，在农业科技战线上，开拓创新，担当作为，助力农业农村现代化建设。面对新时期新要求，江苏省农业科学院组织从事产业技术创新与服务的专家，梳理研究编写了农事指南系列丛书。这套丛书针对水稻、小麦、辣椒、生猪、草莓等江苏优势特色产业的实用技术进行梳理研究，每个产业凝练出100个技术问题，采用图文并茂和场景呈现的方式"一问一答"，让读者一看就懂、一学就会。

丛书的编写较好地处理了继承与发展、知识与技术、自创与引用、知识传播与科学普及的关系。丛书结构完整、内容丰富，理论知识与生产实践紧密结合，是一套具有科学性、实践性、趣味性和指导性的科普著作，相信会为江苏农业高质量发展和农业生产者科学素养提高、知识技能掌握提供很大帮助，为创新驱动发展战略实施和农业科技自立自强做出特殊贡献。

农业兴则基础牢，农村稳则天下安，农民富则国家盛。这套丛书的出版，标志着江苏省农业科学院初步走出了一条科技创新和科学普及相互促进、共同提高的科技事业发展新路子，必将为推动乡村振兴实施、促进农业高质高效发展发挥重要作用。

2020年12月25日

序

草莓芳香多汁，酸甜适口，营养丰富，素有"水果皇后"的美称，深受人们的喜爱。草莓是我国近40年来发展最快的水果之一，已成为重要的经济果树，在全国各地涌现出了很多草莓村、草莓镇，甚至草莓县、草莓市。目前，我国草莓栽培面积和产量均居世界第一位，是名副其实的世界草莓生产大国，但还不是世界草莓生产强国。

为了进一步提高我国草莓生产水平，促进我国草莓产业的健康发展，著名草莓专家赵密珍研究员主编了《草莓产业关键实用技术100问》一书。该书全面系统地介绍了草莓生产的各个方面，涵盖了草莓种植概况、特征特性、品种、育苗、设施栽培、连作障碍、病虫害防治、采收保鲜及文化品牌等内容，并将最新品种、最新技术和最新研究成果呈现了出来。该书以一问一答的形式，简单直观、生动活泼、一目了然，能很快针对问题找到答案。该书图文并茂，病虫害、育苗、设施栽培等内容均有配图，使莓农能更直观、更容易识别病虫害和掌握草莓栽培管理技术。

《草莓产业关键实用技术100问》是赵密珍研究员及其团队多年的科研成果和对生产实践的科学总结，不仅对莓农是一本很有价值的实用技术书，同时也是大专院校和科研院所草莓同行的一本参考书。

祝贺该书的出版，并希望全国草莓同行和广大莓农广为利用！

雷家军

2020年10月30日

前　言

　　草莓自20世纪初被引入我国栽培，已近120年历史。草莓适应性强，栽培区域广，全国各省（自治区、直辖市）均有栽培。我国草莓在借鉴国外尤其是日本经验的同时，实现了自主发展。

　　草莓品种从引进向自主选育方向发展，栽培模式逐步呈现现代化，从露地栽培、小拱棚覆膜栽培，向大棚（日光温室）促成栽培、大棚抑制栽培及智能化控制温室栽培发展。近几年，省力化高架栽培、观赏型盆栽等新型模式，因其兼具休闲观光等特点，在生产上也得到应用。

　　草莓生产具有见效快、效益高等优势，因此产业规模不断扩大。依据联合国粮食及农业组织（FAO）的统计，2018年我国草莓种植面积11.06万公顷，总产量295.6万吨，成为世界第一大草莓生产国。但是，与美国、西班牙、以色列、日本等国家相比，我国还不是草莓强国，如在草莓壮苗培育、肥水调控品质与产量、病虫害综合治理及采后贮藏保鲜等方面还存在差距。

　　为提升我国草莓生产技术水平，推进草莓产业发展，本书对草莓产业链上的一些问题进行梳理，查阅相关文献并结合编者的研究结果进行解答，为生产者、技术指导者、研究者、学生们提供参考。全书共分十章，涉及草莓的种类、特征、特性、用途等基础知识，以及主栽品种、育苗、栽培模式与栽培技术、土壤连作障碍克服、病虫害综合防治、采后保鲜贮藏、草莓文化等方面。其中，引用了国内外众多学者的珍贵文献作为参考，在此表示衷心的感谢。

　　由于编写时间仓促，不足之处在所难免，敬请批评指正。

赵密珍于南京

2020年10月

目　录

第一章

概　述

1　草莓属植物有多少种类？

　　草莓是多年生草本植物，在植物学分类上属于蔷薇科（Rosaceae）草莓属（*Fragaria*），园艺学分类上属于浆果类果树。草莓分布广泛，目前已发现24个野生种和1个栽培种，主要分布在欧洲、亚洲和美洲。我国野生草莓资源十分丰富，已发现自然分布14个种，包括黄毛草莓、中国草莓、西藏草莓等8个二倍体种，东方草莓、西南草莓等5个四倍体种，1个自然五倍体种主要分布在长白山山脉、天山山脉、秦岭山脉、大兴安岭、小兴安岭、青藏高原、云贵高原等山区。野生草莓果实小，果重一般不到1克，果实颜色有红色、粉红色、白色，果形有卵形、圆形、长圆柱形等（图1-1）。有些果实甜、香味浓郁，产地山民采摘后用于鲜食或泡酒、烙饼等。

图1-1　部分野生种草莓果实颜色和形状

2 大果栽培草莓是怎么来的?

大果栽培草莓学名为凤梨草莓（*Fragaria × ananassa* Duch.），约于 1750 年起源于法国，由 2 个美洲种智利草莓和弗州草莓自然杂交所得（图 1-2），很快引种到英国、荷兰等欧洲国家栽培，随后逐渐传播到世界各国。据记载，大果栽培草莓于 20 世纪初传入我国，其匍匐茎抽生能力强，叶片大，小叶具短柄，质地较厚；花两性，花朵大，花瓣白色；果实大，产量高，风味浓。

智利草莓　×　弗州草莓

凤梨草莓

图 1-2　智利草莓与弗州草莓杂交获得凤梨草莓

3 草莓果实的营养与保健功能怎样?

草莓果实含有丰富的养分及人体必需的矿物质、维生素、多种氨基酸等，维生素 C 和磷的含量居常见水果之首，维生素 C 含量比苹果、葡萄等水果的含量高 10 倍左右，每 100 克果肉中含维生素 C 50 ~ 120 毫克、磷 40.2 毫克。草莓所含的营养物质很容易被人体吸收，对老人、儿童大有裨益。

草莓味甘酸、性凉，能润肺、生津、利痰、健脾、解酒、补血等，对肠胃病和心血管病有一定的防治作用。草莓中含有一种被称为"草莓胺"的物质，对治疗白血病、障碍性贫血等血液病有良好的疗效；还富含"鞣花酸"，该物质含有抗增生和抗氧化的物质，对平衡血糖有作用。近年来又发现草莓对防治动脉粥样硬化、冠心病及脑出血也有较好的疗效。草莓中所含的维生素、纤维素及果胶物质，对缓解便秘和治疗痔疮、高血压、高胆固醇及结肠癌等均有显著疗效。经常食用草莓，对缓解积食胀痛、胃口不佳、营养不良或病后体弱消瘦是极为有益的；经常服饮鲜草莓汁可治疗咽喉肿痛、声音嘶哑；草莓汁还有滋润、营养皮肤的功效，所制成的各种高级美容霜对减缓皮肤皱纹有显著作用。

④　草莓有哪些用途？

草莓浆果鲜红艳丽，芳香多汁，酸甜可口，营养丰富，被视为果中珍品，享有"水果皇后"之美誉。草莓果实除鲜食外，还可以制成许多加工产品，如草莓酱、草莓罐头、草莓饮料、草莓蜜饯、草莓酒和草莓冰激凌等，常为制作蛋糕的配材。草莓既能食用，又能赏叶、观花、观果；既可在室内盆栽用于美化居住环境，又可在设施条件下高效生产。发展草莓生产不仅为人们提供了丰富的营养果品，而且利于实现工厂化生产和现代休闲观光，可以在乡村振兴中发挥重要作用。

⑤　世界草莓种植概况怎样？

草莓适应性强，栽培范围很广，亚洲、欧洲、美洲、非洲、大洋洲均有生产。根据FAO的统计数据：2018年全世界草莓种植面积为558.54万亩[①]，产量833.71万吨，平均产量1918.44千克/亩。种植面积最大的为欧洲（245.31万亩，占43.92%），其次为亚洲（219.43万亩，占39.29%）、美洲（69.12万亩，占12.37%）、非洲（20.16万亩，占3.61%）、大洋洲（4.52万亩，占0.81%）；

---

① 亩为非法定计量单位，1亩=1/15公顷。——编者注

单位面积产量最高的是美洲（3154.12千克/亩），其次是非洲（2607.33千克/亩）、亚洲（1772.40千克/亩），如图1-3所示。美洲采取优势区域进行露地栽培，生产效率相对较高；亚洲大部分采用促成栽培、劳动密集型的作业方式，但单位面积产量并不突出。

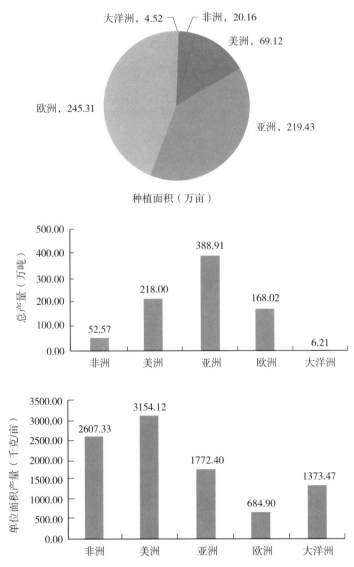

图1-3 全世界各洲草莓种植面积、总产量、单位面积产量

目前有79个国家和地区栽培草莓，2018年面积排名前十的国家有中国（大

陆）、波兰、俄罗斯、美国、土耳其、德国、墨西哥、埃及、白俄罗斯、乌克兰；产量排名前十的国家有中国（大陆）、美国、墨西哥、土耳其、埃及、西班牙、韩国、俄罗斯、波兰、日本；单位面积产量排名前十的国家有美国、西班牙、墨西哥、以色列、摩洛哥、科威特、约旦、埃及、希腊、荷兰（表1-1）。中国（大陆）单位面积产量排第24位，为1781千克/亩。

表1-1　2018年排名前十的国家草莓种植面积、总产量、单位面积产量

排行	国家	面积（万亩）	国家	总产量（万吨）	国家	单位面积产量（千克/亩）
1	中国（大陆）	165.94	中国（大陆）	295.55	美国	4338
2	波兰	71.75	美国	129.63	西班牙	3268
3	俄罗斯	44.63	墨西哥	65.36	墨西哥	3192
4	美国	29.88	土耳其	44.10	以色列	2947
5	土耳其	24.15	埃及	36.26	摩洛哥	2919
6	德国	21.00	西班牙	34.47	科威特	2771
7	墨西哥	20.48	韩国	21.31	约旦	2723
8	埃及	13.32	俄罗斯	19.90	埃及	2723
9	白俄罗斯	13.11	波兰	19.56	希腊	2691
10	乌克兰	11.85	日本	16.35	荷兰	2667

数据来源：2018年FAO统计资料。

⑥ 中国草莓种植概况怎样？

中国草莓栽培区域广，各省（自治区、直辖市）均有草莓栽培。据中国园艺学会草莓分会统计，2018年全国草莓种植面积约256.2万亩，排前十位的依次为山东、辽宁、安徽、江苏、湖北、河北、河南、四川、浙江、湖南，面积分别为48.2万亩、38.6万亩、32.7万亩、28.9万亩、18.0万亩、16.6万亩、10.9万亩、10.0万亩、9.0万亩、6.0万亩，前十位的合计面积占全国总面积的85.4%（图1-4）。

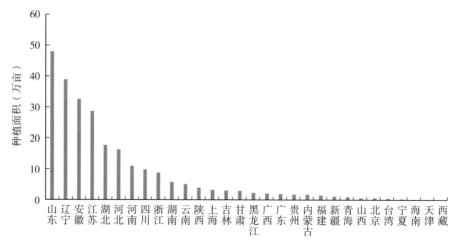

图1-4　2018年我国各省份草莓种植面积

我国各地气候差异大，草莓栽培模式多样（表1-2），既有露地栽培，又有设施栽培，设施有小拱棚、大棚、连栋大棚（温室）、日光温室、玻璃温室等之分。

表1-2　草莓栽培模式及其典型分布区域

栽培模式	典型分布区域
露地栽培	全国各地，主要集中在冬季暖和的南方如云南、广东、海南，以及用于加工生产的山东、辽宁等
小拱棚促成栽培	冬季温暖的省份如四川、云南等
大棚半促成栽培	冬季气温低的省份如河北、辽宁、山东等
大棚（多层膜）促成栽培	长江中下游省份如江苏、安徽、上海、浙江等
日光温室促成栽培	冬季气温低的省份如河北、辽宁、山东、河南、北京、陕西等
日光温室半促成栽培	冬季气温极低的省份如吉林、黑龙江等
大棚避雨夏秋栽培	夏季气温凉爽的省份如云南、贵州、黑龙江、河北等
智能化控制温室栽培	各级农业示范园区和龙头企业核心基地

露地栽培品种南方以甜查理为主，用于鲜食，近年来由于甜查理感染红叶病比较严重，面积逐年下降，而北方以哈尼为主，用于加工；设施促成栽培品种比较丰富，主要有红颊、章姬、幸香、香野、甜查理等国外品种，以及宁玉、宁丰、越心、京藏香、京桃香、黔莓2号等国内自育品种；大棚避雨夏秋栽培品种以蒙特瑞为主。

江苏草莓种植概况怎样？

　　江苏自20世纪80年代开始规模化种植草莓，通过近40年的发展，已成为全国草莓主要产地之一。据中国园艺学会草莓分会统计，2018年江苏草莓面积为28.9万亩，位居全国第四。江苏以设施促成栽培为主要生产方式，全省13个地级市都有草莓生产，主要集中在连云港市东海县、徐州市贾汪区、盐城市盐都区、南通市海门市、南京市溧水区、镇江市句容市等地，如东海黄川、贾汪耿集、句容白兔、海门常乐、盐都仰徐、溧水洪蓝等都是有名的草莓主产区。

　　江苏南北气候差异大，草莓设施结构也有所不同，苏南地区以大棚、中棚双膜为主，苏中地区以大棚、中棚及小拱棚三膜为主，而在徐州新沂、连云港东海等地区以大棚、中棚双膜，外棚上加盖无纺布等保温材料为主。日光温室栽培主要在徐州、连云港等冬季气温较低的苏北地区。

　　草莓生产周期短、效益稳定，且适宜发展休闲旅游产业。各草莓产区积极推动品牌建设、凝聚核心影响力、提升产业价值，如东海县以"莓好黄川、福如东海"为主题，全力打造东海草莓品牌；溧水依托生态美景，把设施草莓种植与发展休闲观光农业结合，通过"无想田园"区域品牌打造，让"溧水草莓"享誉海内外，并成功举办了首届、第二届国际草莓品牌大会，同时，江苏省农业科学院组织了第七届世界草莓大会会后参观，极大地提高了溧水草莓的品牌影响力。另外，句容的"莓好白兔"、亭湖的"甜莓亭美"、铜山的"台上草莓小镇"都成为影响力强、辐射广的江苏知名草莓品牌，草莓产业已成为当地农民致富的"金色产业"、市场青睐的"绿色产业"、经济发展的"朝阳产业"。

 我国草莓产业的发展趋势如何？

　　与国外草莓生产先进国家如美国、英国和日本等相比，我国草莓产业具有以下特点：一是我国是野生草莓资源起源中心之一，自然分布于我国的野生草莓种有14个，占世界野生种一半以上，可以充分利用我国富有的野生资源，挖掘优异性状，为栽培优良品种创制提供丰富的物质基础。二是我国地域宽广，气候类型多，适合草莓多模式的栽培，充分利用各地的区域优势及生产条件，可以做到草莓周年生产、周年供应。三是我国是草莓生产第一大国，但平均单产、优质果率和商品化处理率仍然不高，提高产业化水平潜力大。四是我国虽是草莓生产大国，但出口比例偏小，加大力度推广绿色和有机产品生产，扩大草莓出口，市场空间巨大。

充分发挥我国草莓产业特点，推进草莓产业可持续发展，应加强共性关键技术研发与应用。充分利用我国特有的野生草莓种质资源，开展性状鉴定评价，挖掘含优良性状（如特有香气、日中性、高维生素C、耐逆境及抗病虫害等）的基因资源，提升品种创制水平；针对不同栽培模式，选育适应我国南北气候差异的品种；在原原种苗、原种苗到生产苗的培育过程中，加快轻型化、优质化、自动化技术及装备研发，推进草莓种苗产业化发展；加强连作障碍及主要病虫害综合防控技术的研发，推进草莓绿色生产；结合特色小镇，开发草莓衍生产品，构建草莓文化，延长草莓产业链等。

加强政府引导，提高行业素质，创建品牌。草莓是劳动密集型产业，技术含量高，但从业者往往年龄老化、知识水平不高，未来的草莓生产需要通过机械智能化、农户组织化、服务社会化来完成，将无序的生产状态组织成有序的生产状态，从而提高行业素质。此外，在政府的引导与支持下，注重市场营销，创建品牌，推进草莓产业高质量发展，并在乡村振兴中发挥更大的作用。

第二章

草莓植物学特征

🌀 草莓由哪些部分组成？

草莓植株是由根、茎、叶、芽、花、果实六部分组成，如图2-1所示。

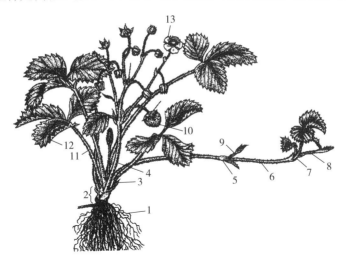

图 2-1　草莓植株的形态结构

1.根系　2.茎　3.托叶鞘　4.花序　5.匍匐茎第一节　6.匍匐茎　7.匍匐茎第二节
8.匍匐茎延伸　9.匍匐茎分枝叶　10.果实　11.叶柄　12.叶　13.花

🔟 草莓根系结构及生长特点是什么？

草莓的根系由新茎和根状茎上生长的不定根组成，属于须根系，没有主根，由初生根、侧根、根毛组成。初生根是白色的，寿命通常为一年，主要作用是产生侧根和固定草莓植株。草莓根系分布浅，主要集中在25厘米以内的土层中，尤其以10厘米分布最多，因此草莓易受干旱、湿涝及低温的影响。根系与地上部分生长动态大致相反，秋季生长最旺盛，冬季休眠期停止生长或减缓，早春又开始旺盛生长，在叶和果实需水量较高的春季至夏季生长缓慢，在果实膨大时期部分根枯死，也就是说，草莓根系在一年内有2次或3次生长高峰。南方草莓根系一年有2次生长高峰，分别在4～6月和9～10月。

11 草莓茎的种类如何区分？

草莓的茎根据形态和功能可分为新茎、根状茎和匍匐茎3类。

（1）**新茎**。新茎是草莓当年萌发的短缩茎，短缩，节间密集。新茎加粗生长较旺盛，加长生长缓慢，每年加长生长仅0.5～2.0厘米。新茎上密集轮生具长叶柄的叶片，叶腋着生腋芽，新茎顶芽和腋芽都可分化成花芽。腋芽当年可萌发，有的萌发成匍匐茎，有的萌发成新茎分枝。新茎分枝一般在开花结果时少量发生，大量发生期是在果实采收之后。新茎分枝发生的数量与品种、株龄和栽培条件有关，一般可形成新茎分枝3～9个，株龄大的植株最多可达20个以上。新茎有明显的弓背，定植时可以根据这一特性决定定植方向。新茎下部发生不定根，翌年新茎就成为根状茎。

（2）**根状茎**。根状茎是由新茎上的叶片翌年全部枯死脱落形成，外形似根，是草莓多年生的短缩茎，是一种具有节和年轮的地下茎，是营养物质的贮藏器官。根状茎上也发生不定根。2年以上的根状茎，由下向上、由里向外逐渐衰老死亡，先变成褐色，后变成黑色，其上根系也随着死亡。因此，根状茎越老，地上部生长就越差。草莓新茎上未萌发的腋芽，便成为根状茎上的隐芽，当地上部分受到损伤时，可萌发长出新茎。

（3）**匍匐茎**。匍匐茎是草莓新茎腋芽萌发匍匐延伸的一种特殊的地上茎，又称走茎，是草莓主要的繁殖器官，茎细、柔软、节间长。栽培种大果凤梨草莓抽生的匍匐茎都是在偶数节位着生匍匐茎幼苗，偶数节位的生长点抽生短缩新茎，在新茎第三片叶显露前开始发生不定根，扎入土中，形成第一代子株（匍匐茎苗）。第一代子株可抽生第二代匍匐茎，产生第二代子株，第二代子株又可抽生第三代匍匐茎，产生第三代子株，以此类推，可形成多代匍匐茎和多代子株。奇数节位不产生子株，腋芽保持休眠或产生匍匐茎分枝。通常情况下，一株草莓可以繁育30～60株健壮草莓子苗。露地栽培下，匍匐茎的发生始期，一般在果实膨大期，大量发生期在果实采摘之后，早熟品种发生早，晚熟品种发生晚，发生时期的早晚与温度、日照条件、母株经过低温时间的长短及栽培形式有关。

12　草莓叶片的特点及生长规律是什么？

草莓的叶片发生于新茎上，呈螺旋状排列，第一片叶和第六片叶在伸展方向上重合。

草莓的叶片为基生三出复叶，具长叶柄，叶柄的基部有2片托叶，合成托叶鞘包于新茎上（图2-2）。叶柄的中部有1～2枚很小的耳叶或无。叶柄的先端通常着生3片小叶，也有的着生1、4、5片小叶，叶柄上有绒毛。叶片大小、厚薄、颜色深浅、叶柄长度等因品种、物候期和立地条件而明显不同，一般小叶长7～14厘米、叶宽5～7厘米，叶柄长10～25厘米，还有甚者长达25厘米以上。小叶柄短或无。小叶一般呈圆形、椭圆形、长椭圆形、倒卵圆形等，因品种而异。小叶边缘呈锯齿状，通常有12～28个齿，齿的先端有很小的水孔，当土壤湿润且根系生长良好时，早晨可见到叶缘排出小水珠。

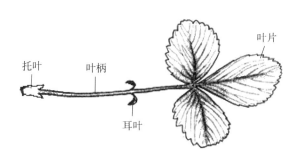

图 2-2　草莓叶片结构图

一年中，由于外界环境条件和植株本身营养状况的变化，新叶展开的大小、叶柄的长度及叶片的寿命不一样。夏、秋季展开的叶片，叶身、叶柄长，叶面积大；冬季展开的叶片，叶身、叶柄较短；春季坐果至采果前展开的叶片，其大小、形态较典型，具有品种代表性。叶片寿命一般为80～130天，新叶形成第30天后叶面积最大、叶最厚，叶绿素含量最高，同化能力最强，在同一植株上第4～6片新叶同化能力最强。秋季长出的叶片，适当保护越冬，寿命可延长到200～250天，直至春季发出新叶后才逐渐枯死。越冬绿叶的数量对草莓产量有明显的影响，保护绿叶过冬，是提高翌年产量的重要措施之一。

(13) 草莓的花芽是如何形成的？

草莓的叶芽和花芽起源于同一分生组织，分化方向与植物本身及温度、光照等环境因素有重要关系。利用体式显微镜观察草莓顶端生长点（图2-3），并根据草莓花芽发生和发育的特点，将草莓花芽分化分为以下7个时期：

（1）**未分化期。**顶芽一直处于营养生长阶段，其顶端分生组织持续发育形成锥形凸起，凸起前面生长点平坦、宽大，标记为1期，如图2-3（1）所示。

（2）**分化初始期。**锥形凸起由尖锐、狭窄逐渐变宽厚，平坦宽大的生长点逐渐鼓起，标志着由营养生长转化为生殖生长，为草莓聚伞花序花芽分化时期的开始，持续时间约为5天，标记为2期，如图2-3（2）所示。

（3）**花序原基分化期。**生殖顶端逐渐发育成圆滑肥大、向上隆起，冲破包被的幼叶，呈明显凸出状的聚伞花序原基，表明花序原基开始形成，持续时间约为5天，标记为3期，如图2-3（3）所示。

（4）**小花原基分化期。**聚伞花序原基逐步发育成顶花原基和侧花原基，持续时间约为3天，标记为4期，如图2-3（4）所示。

（5）**萼片、花瓣原基分化期。**顶花原基变得宽大而平坦，顶部略有凹陷，继而从边缘分化小凸起，即萼片原基；随着萼片原基的不断分化生长，在生长的萼片原基内部产生新的小凸起，即为花瓣原基，持续时间约为8天，标记为5期，如图2-3（5）和图2-3（6）所示。

（6）**雄蕊原基分化期。**在顶花花瓣原基的内侧产生新的凸起即雄蕊原基，雄蕊原基逐步膨大、发育成初具外形的幼小花药，持续时间约为7天，标记为6期，如图2-3（7）所示。

（7）**雌蕊原基分化期**。顶花芽中心部位，进一步隆起膨大，在花药下方产生凸起，数量由少到多，并逐渐卷和而形成雌蕊，持续时间约为7天，标记为7期，如图2-3（8）所示。

在温度适宜的情况下，草莓持续开花结果，在第一序分化至萼片、花瓣原基分化期时，第二序的顶芽开始凸显；第一序的雌蕊分化结束后，萼片、花序梗上开始大量发生绒毛［图2-3（9）］，逐渐包裹整个花序，此时第二序开始分化［图2-3（10）］，两花序之间4～6片叶。

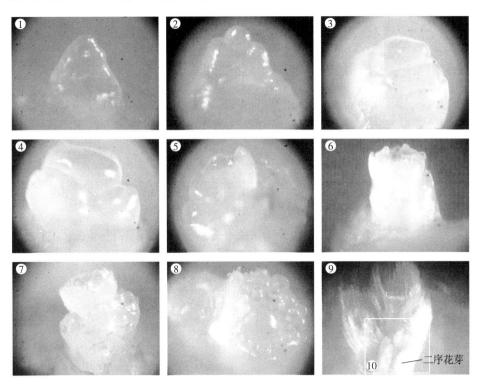

图2-3 草莓花芽分化过程

14 草莓花、花序有什么特点？

草莓绝大多数品种的花为两性花，也有雌花、雄花、雌能花、雄能花

（图 2-4）。花色主要为白色，少数品种为粉红色、红色（图 2-5）。目前，栽培品种均为两性花，能自花结实。

| 两性花 | 雌花 | 雄花 | 雌能花 | 雄能花 |

图 2-4　草莓花性

图 2-5　草莓花色

草莓的花由花柄、花托、萼片、副萼片、花瓣、雄蕊群和雌蕊群组成。一朵完全花中，一般萼片 5 片，副萼片 5 片，花瓣 5 片，雄蕊 20～35 枚，雌蕊 200～400 枚。第一级花瓣数可达 6～8 片，雄蕊也相应多些。雄蕊的花丝长短不一，花丝上有花药，其内有花粉。雄蕊着生在凸起的肉质花托上，离生，呈螺旋状排列。雌蕊有柱头、花柱和子房，花柱很短，长在子房侧面，当子房膨大时会倾斜到一侧。从花托基部与雄蕊基部之间的狭窄轮状处可分泌花蜜，吸引昆虫访花而完成授粉。

草莓的花序为有限聚伞花序，通常为二歧聚伞花序和多歧聚伞花序。花序有顶花序和腋花序，花序着生状态有直立、斜生两类。从新茎顶端长出的花序称为顶花序，而从下面叶腋长出的花序称为腋花序。花序数、每序花数、坐果率和单果重等均是决定果实产量的重要因素。每株花序 2～8 个，每个花序着生 3～30 朵花，一般 10～20 朵，花序由不同级花组成，一级花先开、果大，四级以上花结出的草莓果小（图 2-6）。

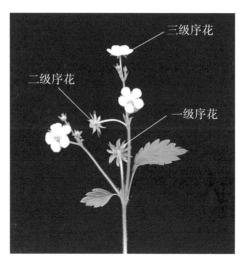

三级序花

二级序花

一级序花

图 2-6　草莓花序结构图

⑮　草莓花期、果实的发育与形态特征是怎样的？

草莓花期较长，一朵花可开放3～4天，整个花序的花期20～30天，多数草莓品种从开花到果实成熟需30～35天，所需天数与温度高低有关。在开花后的15天，果实生长发育缓慢，开花后的15～25天，迅速膨大，最后7天生长发育又趋缓慢，草莓果实的生长曲线呈典型的S形。

草莓果实是由花托膨大发育而成的假果，为聚合果，在果树栽培学上称为浆果。花托表面密生雌蕊，受精后形成一个个的瘦果，俗称种子，种子呈现红色、黄绿色，种皮坚硬不开裂，种子是草莓有性繁殖的器官。草莓果实的重量与种子的数目成正比，种子数目越多，果实越大，果实的膨大必须依靠种子的存在。果实的形状、颜色、大小等因品种而异，也受栽培条件影响，果实的形状有扁圆球形、圆球形、圆锥形（短圆锥形和长圆锥形）、楔形、双圆锥形、圆柱形、卵形、带果颈形（图2-7）。

草莓果实成熟通常分为4个阶段，即绿果期、白果期、转色期和成熟期。果实成熟前，果色主要为绿色、白色，经转色期达到果实成熟期后，正常发育的果面颜色、果肉颜色略有差异，与标准色卡上相应颜色进行对比，果面颜色主要为白色、橙红色、红色、深红色、紫红色，果肉颜色主要为白色、橙黄色、橙红色、红色、深红色。

图 2-7　草莓果实形状

1.扁圆球形　2.圆球形　3.圆锥形　4.楔形
5.双圆锥形　6.圆柱形　7.卵形　8.带果颈形

16 草莓的主要繁殖方式有哪些?

目前,草莓繁殖方法主要有种子繁殖法、分株繁殖法、匍匐茎繁殖法、组织培养繁殖法和扦插繁殖法。

(1)种子繁殖法。种子播种形成实生苗,这种草莓苗会产生变异,因此生产上不能采用,多用于远距离引种或科研上用来选育新品种,也可用于庭院绿化鲜食兼用型种植。种子繁殖的草莓苗根系发达,生长旺盛,一般经10个月可开花结果。

(2)分株繁殖法。从母株上分离得到带根的新茎苗,又称分墩法、分蘖法。对不发生匍匐茎或萌发能力低的品种,可进行分株繁殖。另外,对刚引种的植株由于株数不够,也可进行母株分株繁殖。草莓分株法的繁殖系数较低,一般一株母株只繁殖3～4株能达到标准的苗。另外,分株繁殖造成的伤口较大，容易感染病害。

（3）**匍匐茎繁殖法**。生产上最常用的繁苗方法是匍匐茎形成秧苗，并与母株切离后形成，这种繁殖方法能保持品种的特性，繁殖容易，根系发达，生长迅速。匍匐茎苗秋季定植，当年冬季或翌年即能开花结果。为了保证匍匐茎苗生长健壮，一般一株母株可以繁殖30～60株壮苗，过多的匍匐茎及后期发生的匍匐茎应及时摘除。

（4）**组织培养繁殖法**。组织培养繁殖法主要采用草莓茎尖离体培养，获得脱毒草莓苗，并可保持品种的优良性状。组织培养原种苗作母株比田间普通生产苗作母株繁殖的匍匐茎苗生长更健壮且更多。

第三章

草莓生物学特性

17 什么是草莓的物候期?

草莓植株随着寒暑节律性变化,其外部形态和内部生理生化特性发生规律性变化,并且每个时期的生长发育有其侧重点,这种与季节性变化相吻合的时期称为生物学物候期,简称物候期。草莓的发育阶段主要受当地气候的影响,各地的气候由经度、纬度和海拔高度决定,因此自然条件下草莓的物候期间接地受这三者的影响。自然条件下草莓的物候期可分为生长期和休眠期。生长期指从春季生长开始到秋季进入休眠时结束,根据草莓的生长状态又可分为开始生长期、旺盛生长期、花芽分化期、显蕾期、结果期等。休眠期指从秋季草莓休眠开始到翌年草莓萌芽时为止。

18 草莓对光照的要求是怎样的?

草莓为喜光植物,同时又具有较强的耐阴性。草莓的光饱和点为2万～3万勒克斯,草莓叶片的光补偿点为0.5万～1.0万勒克斯。在无遮阴、光照充足的条件下,植株生长较低矮强壮,叶片颜色较深。如果环境光照不足,植株生长较弱,叶柄较细,叶片颜色淡。在不同的发育阶段,草莓对光照的要求不同。草莓花芽分化期需要10～12小时短日照的条件,在开花结果期及旺盛生长期,每天需要12～15小时的长日照条件。低温短日照可以诱导草莓进入休眠状态。

草莓对温度的要求是怎样的？

草莓适应性较强，对温度要求不十分严格。草莓喜冷凉的气候条件，地上部分生长发育的适宜温度为20～30℃，地下部分生长的适宜温度为15～20℃，开花结果适宜的温度为15～25℃。草莓不同生长发育阶段对温度的需求不同。冬季，在草莓休眠阶段，草莓根系可耐受–10℃左右的低温，在长期–5℃的低温环境下，地上部分会被冻死。春季，温度回升至5℃以上时，植株开始生长。夏季，当温度达到30℃以上时，生长受到抑制，超过35℃的高温会促进草莓的衰老。在开花期，草莓的雌蕊与雄蕊对温度比较敏感，最适宜的温度为20～24℃，开花期低于0℃或高于40℃都会影响授粉受精，产生畸形果，开花期和结果期最低温度界限是5℃。草莓果实生长发育的适宜温度为白天24℃、夜间15℃，结果期温度过高会促进草莓的提前成熟，温度过低会延迟草莓的成熟。

20　草莓对水分的要求是怎样的？

草莓对土壤中水分反应非常敏感，喜潮湿，不耐干旱和涝渍。草莓为浅根系植物，植株矮小，叶片较大，叶面蒸腾作用强，同时在整个生长季节，不停的有叶片死亡和新叶发生，叶片更新频繁，同时植株会抽生大量的匍匐茎和新茎，这些因素决定了整个生长期草莓对水分有较高的要求。同时，草莓不耐涝，土壤中水分过多通气不良，会引起缺氧，影响根系生长，严重时可导致草莓窒息而死。在草莓正常营养生长阶段，土壤相对含水量在70%为宜，花芽分化期在60%，果实膨大期在80%左右。

21　草莓对土壤的要求是怎样的？

草莓是浅根性植物，适合种植在地下水位不高于80～100厘米、pH5.5～6.5

的肥沃、疏松、透气的土壤中。pH＞8或pH＜4草莓不能生长，土壤过于黏重或容易积水也不适合草莓生长。黏性土壤种植的草莓虽具有良好的保水性，但透气不良，根系的呼吸作用和其他生理活动受到影响，容易发生烂根现象。沙性太大的土壤由于保水保肥能力较差，容易发生水肥缺失的情况，影响草莓果实发育。

㉒ 草莓对养分的要求是怎样的？

草莓为多年生草本植物，每年都需要从土壤中吸收大量的养分供自身生长发育所需。草莓生长发育对氮、磷、钾需求量较大，称为大量元素；对硼、锌、锰、铜、钼等需求量较小，称为微量元素。氮可以促进叶片和匍匐茎的生长，在草莓的整个生命过程中不可缺少；磷可促进花芽的形成并提升草莓的结果能力；钾可促进浆果成熟，提升草莓的含糖量，增进果实的品质。草莓对微量元素的缺少比较敏感，尤其是铁、镁、硼、锌、锰、铜等缺少时都会产生相应生理障碍，影响草莓的正常生长发育。

不同生长发育时期，草莓对养分的需求也不相同。在草莓幼苗期，植株生长量较小，对营养元素的需求量不大。在成苗阶段，主要是根、叶等营养器官的生长与发育，对氮、钾、钙等营养元素的需求量相对大些。当草莓进入花芽分化时期，对磷、钾需求较为迫切。进入开花结果期，随着果实进一步的发育，此时草莓对磷、钾的需求也较为迫切。

第四章

草莓主要栽培品种

23 草莓栽培品种有哪些类型？

（1）依据选育产地的不同，可分为国产和引进草莓品种。

国产草莓品种：指我国自主培育的草莓品种，如宁玉、宁丰、紫金久红、京桃香、越心、艳丽等。

引进草莓品种：指国外培育且引入我国种植的草莓品种，如红颊、章姬、甜查理、达赛莱克特、全明星等。

（2）根据用途进行分类，可分为鲜食型、观赏兼鲜食型、加工兼鲜食型、加工专用型品种。

鲜食型品种：鲜果口味好的品种，如宁玉、宁丰、紫金久红、京藏香、越心、香野、红颊、章姬等。

观赏兼鲜食型品种：多为红花草莓品种，既可赏花又可食果，如紫金红等。

加工兼鲜食型品种：该类型草莓要求鲜果硬度高、耐贮运且鲜食口感较好，如紫金1号、石莓5号、石莓7号、石莓8号、石莓10号、甜查理、达赛莱克特等。

加工专用型品种：该类型草莓鲜食口感虽稍逊色，但由于含有特殊的芳香和营养成分适合于加工，如哈尼、森加森加纳等。

（3）依据光周期反应及结果时期的不同，可分为短日照、长日照和日中性品种。

短日照品种：也称一季型或6月结果型品种，其花芽分化在低温、短日照条件下进行，大致的温度界限是17℃以下，光照长度在12小时以下形成花芽分化。该类型的草莓品种具有果个大、品质优、产量高、适应性广等特点，因此栽培面积大、分布也很广，目前世界上的栽培草莓大多数属于此种类型，如宁玉、宁丰、紫金久红、紫金早玉、京泉香、章姬、红颊等。

长日照品种：也称四季结果型，该类型的草莓品种是在光周期超过12小时的长日照条件下形成花芽分化，一年中可以开花结果2～3次。

日中性品种：也称光期钝感性品种，其花芽形成不受日照长度的影响，从早春到深秋停止生长一直能成花结果。

（4）依据草莓对温度感应的不同，可分为寒地型、暖地型和中间型品种。

寒地型品种：也称北方型品种，即当草莓休眠后，需要5℃以下的低温达750小时以上，草莓才能打破休眠恢复正常的生长发育与开花结实，如哈尼、全明星、戈雷拉等。

暖地型品种：也称南方型品种，即当草莓休眠后，需要5℃以下的低温50～150小时，草莓才能打破休眠恢复正常的生长发育与开花结实，如红颊、章姬、宁玉、宁丰、紫金久红、丰香、幸香等。

中间型品种：即当草莓休眠后，需要5℃以下的低温150～750小时，草莓才能打破休眠恢复正常的生长发育与开花结实，如宝交早生等。

（5）依据草莓的栽培方式，可分为露地栽培品种、半促成栽培品种、促成栽培品种。

露地栽培品种：此种类型草莓生长发育条件与自然条件几乎没有差别，适宜在露地条件下栽培。

半促成栽培品种：此种类型品种的栽培原理是让草莓在自然条件下进行花芽分化，待其自然休眠结束后再进行保温，提供生长发育需要的温度等条件，促进其开花结果。半促成栽培类型的草莓品种可选择暖地型和中间型草莓品种。

促成栽培品种：此类型品种收获上市时间最早、收获时间最长、经济效益最高。栽培原理是通过提供草莓生长发育所需要的环境条件，提早草莓的花芽分化，并实时保温防止休眠，实现早上市。生产中一般采用暖地型品种作为促成栽培品种。

24 当今草莓栽培品种存在哪些问题?

草莓主栽品种仍以国外品种为主,如欧美品种甜查理、哈尼、达赛莱克特、全明星,日本品种红颊、章姬等;国内自育品种市场占有率较低。

欧美品种果实硬度高、耐贮运、抗病性强,但是酸味重、甜度不够、口感较差。日本品种风味浓、有香气,但是植株抗病虫性差、果实不耐贮运。我国选育的优良品种,在抗病虫性方面优于日本品种,但风味品质逊色于日本品种。

由于种植习惯与销售途径等因素的制约,国产品种仅在当地或某些区域有较大规模的种植。国产草莓新品种培育所选用的育种亲本遗传背景狭窄,突破性品种难以育成。

25 草莓新品种是如何获得的?

我国的草莓新品种主要以杂交选育为主,如宁玉、宁丰、紫金久红、京桃香、艳丽、黔莓2号等;也有少量的实生选种、诱变育种和芽变选种,如小白等。

草莓新品种的杂交选育过程:①父母本的选配杂交与后代单株获得;②优良单株筛选;③优良品系的鉴选;④复选出的优良品系进行区试与生产试验;⑤新品种的申请与示范推广。因此,育种者至少需要5～8年才能获得一个值得推广种植的草莓新品种。

26 如何选择适宜的栽培品种?

根据栽培区域气候特点、栽培形式和市场需求来选择适宜的草莓品种,具体有露地栽培品种、半促成栽培品种和促成栽培品种等3种(参考23、24问)。

根据果实用途选择草莓品种，若主要用于鲜食，可以选择抗病性强、口感较好、含糖量高的草莓品种；若主要用于加工，可选择抗病性强、丰产性好、果实成熟期集中的草莓品种；若主要用于观赏，可选择红花草莓品种。

27 目前草莓主栽品种有哪些?

（1）**宁玉**。宁玉为江苏省农业科学院用幸香和章姬杂交育成的特早熟促成栽培草莓品种（图4-1）。该品种极早熟，在南京及其周边地区8月底至9月初定植，10月中下旬即可成熟上市；株态佳，管理省工；果实圆锥形，亮红色，风味酸甜，香气浓郁；花粉生活力强，坐果率高，畸形果少；硬度佳，耐贮运；抗病性好，抗炭疽病和白粉病；匍匐茎抽生能力强，繁苗容易；产量高，可达3500千克/亩。在山东、湖南、广东等16个省份已规模栽种。

图4-1 宁玉

（2）**宁丰**。宁丰为江苏省农业科学院用达赛莱克特与丰香杂交育成的促成栽培草莓品种（图4-2）。该品种早熟，植株长势强，叶片肥厚；果实较大、端正，圆锥形，风味甜香；产量高，可达3200千克/亩；抗性强，中抗炭疽病、高抗白粉病。在浙江、安徽、河南等10个省份已规模栽种，可替代章姬。

图4-2　宁丰

（3）紫金久红。紫金久红为江苏省农业科学院用久59-ss-1与红颊杂交育成的促成栽培草莓品种（图4-3）。该品种早熟，株态适中、半直立，长势强；果实圆锥形、楔形；果面平整，红色，光泽强，外观整齐；风味甜，香味浓郁，全年平均可溶性固形物含量11.3%，坐果率高，畸形果少；果大丰产，亩产2000千克；匍匐茎抽生能力强；耐热耐寒，抗炭疽病和白粉病。在南京及周边地区促成栽培，9月上旬定植，10月中旬显蕾，11月底果实初熟，

图4-3　紫金久红

可作为红颊的替代品种。

（4）**紫金早玉**。紫金早玉为江苏省农业科学院用宁玉与爱知6号杂交育成的促成栽培草莓品种（图4-4）。该品种早熟，果实圆锥形；果面平整，红色，光泽强，外观整齐；果颈无种子带小，种子分布稀且均匀；果肉橙红色，肉质韧；风味酸甜，香味浓郁，平均可溶性固形物含量11.1%，硬度高，耐贮运；坐果率高，畸形果少。连续开花坐果性强，果大丰产，果个均匀，一、二级序平均单果重20.6克，株产可达393.3克，亩产可达2600千克；耐热，育苗容易；耐寒，冬季不易矮化；抗炭疽病和白粉病，不抗红蜘蛛。在南京及周边地区促成栽培，9月上旬定植，10月上旬显蕾，10月中下旬始花，11月中下旬果实初熟。

图4-4　紫金早玉

（5）**紫金香玉**。紫金香玉为江苏省农业科学院用高良5号与甜查理杂交育成的促成栽培草莓品种（图4-5）。该品种早熟，果实圆锥形；果面平整，外观整齐；果色红至深红色，色泽亮丽，光泽强；果肉橙红色，肉质韧；风味甜酸至酸甜，香味佳，平均可溶性固形物含量10.1%；硬度高，耐贮运；坐果率高，畸形果少。连续开花坐果性强，果大丰产，果个均匀，一、二级序平均单果重达21.3克，亩产可达3000千克；耐热，育苗容易；耐寒，冬季不易矮化；抗炭疽病和白粉病，其抗性均优于红颊和章姬。在南京及周边地区促成栽培，9月上旬定植，10月上旬显蕾，10月中下旬始花，11月中下旬果实初熟，比当前主栽品种红颊和章姬早熟2～3周。

图4-5　紫金香玉

（6）紫金红。紫金红为江苏省农业科学院用红颊与粉红熊猫杂交育成的促成栽培红花草莓品种（图4-6）。该品种中熟，果实圆锥形，果实较大；果面红色，平整，色泽均匀；种子分布均匀；果肉浅粉色，果实硬度中等，风味甜，可溶性固形物含量8.5%～13.7%；花粉红色；中抗炭疽病，稳产性好，一般每亩产量约为2000千克。在南京及周边地区促成栽培，9月中旬定植，10

图4-6　紫金红

月下旬始花，1月中下旬果实初熟。该品种可用于设施促成栽培，适合鲜食兼观赏。

（7）**紫金四季**。紫金四季为江苏省农业科学院用甜查理与林果杂交育成的四季品种（图4-7）。该品种在较冷凉地区的夏季可正常开花结果。在南京促成栽培，结果期可从11月下旬至翌年8月。于9月上旬定植，10月中旬显蕾，10月中下旬始花，11月下旬果实初熟。株态半直立，长势强，花粉发芽力高；果实圆锥形、红色，光泽强，果面平整，畸形果少，外观整齐；连续开花，坐果性强，果大丰产，果个均匀；风味佳，酸甜浓，平均可溶性固形物含量10.4%；耐热，抗炭疽病、白粉病、灰霉病、枯萎病。

图4-7 紫金四季

（8）**红颊**。红颊又称红颜，是日本静冈县用章姬与幸香杂交育成的早熟栽培品种（图4-8），1999年引入我国栽培种植。该品种植株长势强，株态较直立；叶片大、绿色，叶面较平；叶柄中长，托叶短而宽，边缘浅红；果实圆锥形，一、二级序平均单果重22克；果面深红色、平整，种子分布均匀，稍凹于果面；果肉红色，髓心小或无、红色；平均可溶性固形物含量10.8%，果肉较细，甜酸适口，香气浓郁，品质优；易感炭疽病、灰霉病和二斑叶螨等，易造成病害暴发。

图4-8 红颊

（9）章姬。章姬是日本静冈县农民育种家狄原章弘先生以久能早生与女峰杂交育成的早熟品种（图4-9），1996年辽宁省东港市草莓研究所引入。该品种植株长势较强，株态直立；果实长圆锥形，果色橙红至红色；平均可溶性固形含量10.2%，味浓甜、芳香；亩产2000千克左右；果实硬度较低，不耐贮运，适合田间采摘；易感白粉病等。

图4-9 章姬

（10）妙香7号。妙香7号为山东农业大学培育的草莓品种（图4-10）。该品种早熟，植株长势较强；果实圆锥形，果个较大，果面红色，果肉橙红色；

平均可溶性固形物含量10.0%；对炭疽病和白粉病抗性强。

图4-10　妙香7号

（11）**甜查理**。甜查理为美国早熟草莓品种（图4-11）。该品种休眠期浅，丰产，抗逆性强，大果型；植株生长势强，株态半开张；叶色深绿，椭圆形，叶片大而厚，光泽度强；最大果重60克以上，一、二级序平均单果重24克，亩产量高达2800～3000千克；风味甜酸，香气较淡，平均可溶性固形物含量8.5%，适合鲜食兼加工；易感红叶病。

图4-11　甜查理

（12）**香野**。香野又名隋珠，日本极早熟草莓品种（图4-12）。该品种休眠期浅，植株生长势强；果粒大，果面平整，果色深红；肉质细腻，风味甜，香气浓郁，糖酸比高；平均可溶性固形物含量10.9%；丰产性好；抗炭疽病性强，但不抗白粉病。

图4-12　香野

（13）**白雪公主**。白雪公主为北京市农林科学院林业果树研究所选育出的白色优良品种（图4-13）。该品种株态半直立，生长势较弱；果实圆锥形，果面白色，随着温度升高和光线增强逐渐转为粉色，果实光泽强，果肉白色，果实充分成熟时果肉为淡黄色；果皮较薄，全年可溶性固形物含量8%～11%；抗白粉病性较弱。

图4-13　白雪公主

（14）**桃熏**。桃熏为日本十倍体草莓品种（图4-14）。该品种晚熟，植株长势强；花序直立，花量大；果实圆锥形，成熟时果面橙红色，果肉白色，具有浓郁的桃香味。

图 4-14 桃熏

第五章

草莓育苗技术

28 草莓苗为什么要脱毒？

草莓常见的5种主要病毒分别是：草莓斑驳病毒（strawberry mottle virus，SMoV）、草莓轻型黄边病毒（strawberry mild yellow edge virus，SMYEV）、草莓镶脉病毒（strawberry vein band virus，SVBV）、草莓皱缩病毒（strawberry crinkle virus，SCV）和草莓潜隐环斑病毒（strawberry latent rings pot virus，SLRSV）。草莓感染病毒后，病毒寄宿在体细胞中，营养繁殖即为体细胞扩增的过程，营养繁殖获得的草莓子苗也就感染了病毒。草莓子苗在生产过程中同样也会感染其他的病毒，再进行营养繁殖，后代中就可能携带多种病毒。经过多代繁殖后，草莓子苗中就会积累大量、多种病毒，从而呈现病毒病的症状，如叶片出现异常、抗性减弱、产量和品质下降等品种退化问题，严重影响草莓产业的发展。因此，需要对草莓进行脱除病毒处理，进而获得脱毒草莓苗。

29 草莓脱毒的方法有哪些？

草莓脱毒的方法主要有茎尖分生组织培养、花药组织培养、热处理、超低温处理等方法，其中国内采用最多的方法是茎尖分生组织培养。

（1）茎尖分生组织培养。病毒在植株体内移动主要靠两种途径，一是通过维管系统，二是通过胞间连丝，病毒在胞间连丝中移动速度非常慢。分生组织尚未形成维管系统，病毒在分生组织中只能依靠胞间连丝传递，分生区细胞生长和分裂速度远远超过病毒的传播速度，因此分生区通常很少携带病毒。草莓匍匐茎茎尖分生组织具有发育成草莓叶片的叶原基和叶芽原基，通过组织培养能较快形成完整的植株，不经过愈伤组织形成阶段，形成的植株遗传稳定、变异少。草莓茎尖分生组织培养过程中，取的茎尖越小，脱毒效果越好；茎尖取得越小，操作难度越大，同时茎尖分化成苗的时间也越长。生产上通常是取草莓茎尖小于0.5毫米的生长点进行组织培养，脱毒效率可达到90%以上。

（2）**花药组织培养**。病毒在植株体内传播无法到达花药等生殖器官，在无菌条件下，将发育到一定阶段的花药接种到适宜分化的培养基上诱导愈伤形成，最终能分化成完整的无病毒植株。花药的发育时期显著影响愈伤组织形成效率，研究表明：草莓花药处于单核期，愈伤组织诱导效率最高，是花药处于单核靠边期或双核期诱导效率的3～4倍。草莓花苞处于小花蕾期，直径3～5毫米，花瓣未张开，此时花药处于单核期。花药组织培养形成的草莓植株脱毒效率可以达到100%，但是花药组织培养再生过程遗传上会存在变异，花粉会发育成单倍体。同时，花药组织培养形成愈伤效率低、分化成完整的植株周期长等限制了花药组织培养法脱毒的应用。

（3）**热处理**。病毒和植株细胞对高温的忍耐能力不同，一定范围内的高温（38℃左右）处理能使植株体内的病毒部分或完全钝化，从而延缓病毒传递的速度，植株将会持续生长，持续一段时间后（数周）植株生长出的新生组织不带或带少量的病毒。热处理应选择壮苗，喷洒一些植物生长抑制剂如多效唑溶液，逐渐提高培养温度来炼苗，从而达到提高植株耐热性的效果。热处理期间应密切注意空气湿度、基质水分及病老叶的管理，防止植株因高温萎蔫死亡。草莓生产上通常将热处理和茎尖分生组织培养结合起来，前期通过热处理降低匍匐茎茎尖携带病毒量，在保证脱毒效果的同时，进一步降低了对茎尖大小选取的限制，可将茎尖选取范围扩大到1.0毫米。

（4）**超低温处理**。病毒在草莓植株中呈现不均匀分布，生长和分裂速度快的分生组织细胞携带少量或不含病毒。分生组织细胞具有排列密集、体积小、核质比高、无成熟的细胞核、细胞质稠密等特点，在超低温环境下由于分生组织细胞含自由水少，形成的冰晶也少，细胞伤害也少，从而容易存活。超低温脱毒是利用液氮（-196℃）制造超低温环境对植物细胞进行选择性杀伤，分生组织细胞得到存活，由于分生组织细胞携带少量或不含病毒，所以经过超低温处理后组织培养可以获得脱毒植株。超低温处理相比于茎尖分生组织培养的优点是脱毒效率高、脱毒效率不受茎尖大小限制，缺点是对茎尖伤害大、茎尖成活率低、复苏时间长。

㉚ 草莓茎尖分生组织培养要点有哪些?

草莓茎尖分生组织培养包括匍匐茎茎尖消毒、生长点剥离、芽诱导培养基培养、生根培养等几个步骤。

（1）**匍匐茎茎尖消毒**。从长势健壮的无病毒母株上采集小叶未展开、生长饱满的匍匐茎茎尖，首先用清水冲洗半小时，然后截取顶端2厘米的茎尖放入灭菌的三角瓶中，无菌水清洗一遍，然后采用75%酒精，再用10%次氯酸钠或升汞等对匍匐茎茎尖消毒，最后用无菌水冲洗3～4遍。消毒效果升汞＞75%酒精＞10%次氯酸钠，但升汞有毒且较难去除；酒精对植株也有较大毒害作用，但较容易去除；次氯酸钠消毒效果稍差，但对植株毒害作用较小，因此消毒过程中一定要控制好消毒浓度和消毒时间。

（2）**生长点剥离**。在无菌的条件下，用镊子取出已消毒的匍匐茎茎尖，在20倍的显微镜下剥出生长点，要求生长点的大小小于0.5毫米，并将剥离出的生长点接种到芽诱导培养基中，进行无菌培养。

（3）**芽诱导培养基培养**。芽诱导培养基为1/2MS培养基，需要添加植物激素6-BA、NAA、IAA、IBA等促进外植体的芽分化及形成。不同草莓品种对植物激素6-BA、NAA的敏感性不同，需要摸索最适宜的植物激素浓度。经过30天左右，待分化出的幼苗株高长到3～4厘米，将叶片3片左右转接到1/2MS培养基中，再进行生根培养。

（4）**生根培养**。将分化出的草莓幼苗用镊子一棵棵掰开，插入用于生根培养的培养基中生根。生根培养采用1/2MS培养基，可添加一定浓度的IBA激素促进生根。草莓组织培养苗极易生根，可以不用添加植物激素。

31 脱毒种苗驯化及质量控制要点有哪些?

（1）**驯化**。待草莓苗在生根培养基中生长到叶片有5～6片、株高5厘米左右、生根数8～10条时即可进行移栽驯化，将组织培养苗移到室外环境，打开瓶盖，倒入没过培养基的水，常温弱光条件下驯化1～2天。拔出草莓苗，洗净根部培养基，移栽到装有专用草莓基质的营养钵或穴盘中，浇透水，遮光、保湿管理1周。在草莓脱毒种苗管理过程中，一定要严格控制病原菌的传播，草莓基质提前使用棉隆、石灰氮等试剂消毒或高温消毒，使用防虫网隔离草莓苗，防止病虫害的传播。

（2）**质量控制**。草莓脱毒苗要求植株健壮，无病虫害，叶色浓绿，根系发达、以白根为主，短缩茎直径1厘米以上，叶片4～5片，叶片长5厘米左右、宽4.5厘米左右，株高15厘米左右。

32 草莓生产苗繁育方式有哪些?

草莓生产上通过匍匐茎进行繁殖育苗，根据匍匐茎苗的管理方式，草莓育苗的方式有大田普通育苗、避雨育苗、基质育苗等。

（1）**大田普通育苗**。利用母株匍匐茎上发生的子株苗原地进行培育，子株不脱离母株，直到草莓定植时将苗移出繁苗田。其特点是设施投入相对少，技术要求不高，利于规模化、机械化生产。但在高温高湿的南方地区容易发生草害、病虫害。

（2）**避雨育苗**。草莓育苗期容易发生炭疽病，炭疽病的病菌孢子随雨水及浇水时飞溅的水珠扩散传播，要预防炭疽病的发生，应彻底阻断病菌孢子的传播途径。因此，在露地育苗田上方搭建避雨塑料大棚，使雨水不会直接降落到土壤及植株上，阻隔雨水以防止病害传播，同时还可减轻除草的压力。

（3）**基质育苗**。将草莓母株抽生的匍匐茎子苗，移植到事先准备好的基质苗床或装有基质的营养钵中进行培育。其特点是植株生长整齐，根系发达，移栽易于成活，但成本、用工加大。

33　大田普通育苗的技术要点有哪些?

大田育苗环节包括苗地选择、土壤处理、苗床制作、母株选择、母株与子苗整理、肥水管理、病虫草害治理、子苗数量控制等,每个环节都不能疏忽。

(1) **苗地选择**。育苗地一定是未种过草莓的田块,上茬最好是水田,还要考虑育苗地的土壤、水分等条件。育苗地应排灌方便,最好是肥沃疏松、微酸性(pH6.5)的沙壤土。在南方多雨地区,应选择地下水位低的地块,避免雨季排水不畅,造成积水死苗。

(2) **土壤处理**。育苗田块选好后,越冬前进行深翻、冻伐,一方面可消灭一部分病原菌及害虫,另一方面有利于土壤的疏松。开春后草莓定植前,要施入充足的基肥,每亩施入过磷酸钙30千克,腐熟有机肥3000~5000千克或腐熟菜籽饼100千克,同时施入50%辛硫磷0.5千克,以杀死地下害虫。结合施基肥,再一次深翻土地,平整地面。

(3) **苗床制作**。耕匀耙细后,做成宽1.2~1.5米、高20~30厘米的苗床,苗床间的沟宽20~30厘米。同时一定要开好田块四周沟系,涝能排、旱能灌,有条件的地区可采用自动喷灌、滴灌装置喷滴保湿,达到苗床面土壤潮湿又不积水的要求,为母株生长及葡匐茎抽生提供适宜的生长条件。

(4) **母株选择**。选择具有品种典型性状的健壮植株,在秋季假植于露地,翌年春天作为育苗母株。有条件的话,最好选择脱毒种苗作为繁殖生产苗的母株。

(5) **母株与子苗整理**。及时摘除母株的枯老叶和抽生的花序,促进母株的营养生长和葡匐茎抽生。母株抽生葡匐茎后,要定期检查,及时将葡匐茎苗理顺,将相互靠得太近的葡匐茎适当拉开,使其分布均匀,同时用泥块或塑料小叉压牢。对于后期所抽生的葡匐茎,因苗龄短,难以形成壮苗,应及时剪除,以避免田间郁闭,保证早期子苗的健壮生长。

(6) **肥水管理**。母株栽种后,需要及时灌足水,翌日再复水1次,并一直保持土壤湿润到草莓母株活棵。母株成活后,每隔15天浇或滴一次复合肥水,前期可增施0.2%~0.3%尿素水溶液,8月上旬后停止使用氮肥,追施0.2%磷、钾肥以促进花芽分化。水分管理应掌握保持土壤湿润而不积水的原则,连续阴雨天要注意及时清沟排水,以保持土壤有良好的透气性。

(7)**病虫草害治理**。苗期主要有炭疽病、枯萎病、叶斑病及蛴螬、蓟马、斜纹夜蛾等病虫害。病虫害防治以预防为主、综合防治为策略,具体措施有:母株选用健壮无病苗;清洁苗圃卫生,注意排水以防河水和雨水进入造成水淹;浇水要避开日照很强的时段,最好在早、晚进行;及时去除病株,并带出苗圃外,集中销毁;用药剂控制发病中心,喷药时一直喷到根茎为止,特别是在降雨后;摘叶和切断匍匐茎后容易感病,应用药剂进行预防。针对草害,做到早除、除小草。

(8)**子苗数量控制**。为了更好地培育壮苗,根据不同草莓品种的特性控制草莓的繁苗数量很重要,一般1个母株的数量应控制在40～50株,1亩田的育苗数量应控制在3万～4万株为宜。

(34) 避雨育苗的技术要点有哪些?

(1)**搭建避雨棚**。在长江流域一般要求避雨棚在3月初搭建完毕,采用规格为宽6～8米、顶高2.5～3.2米、长50～70米的镀锌钢管棚。

(2)**棚膜要求**。尽可能选择透光率好的薄膜,两边裙膜不围,形成简单避雨设施。有条件的话可安装手动卷膜机,不下雨时,尽量将棚膜卷上,让植株在自然条件下生长。

(3)**铺设滴灌带**。在每个苗床上铺设2～3条滴灌带,如铺设微喷带则将喷口朝向地面。

(4)**植株管理、病虫害防治**。参照大田普通育苗。

(35) 基质育苗的技术要点有哪些?

基质育苗主要技术包括育苗场地选择、基本设施、基质准备、母苗培育、子苗培育等。

(1)**育苗场地选择**。育苗场地应设在交通方便,土地平坦、不积水,有水源、电源的地方,并满足根据育苗规模建育苗棚等设施的需要。

（2）**基本设施**。基本设施包括育苗棚、育苗床、栽培槽、遮阴网、防虫网、滴管、喷灌设备等，有条件的配备降温设备如湿帘、风机等。育苗棚一般采用钢架单棚或连栋棚，单棚一般长40米左右、宽6～8米、高2.8～3.2米；连栋棚一般以3～4个单棚相连，面积1.5～2.0亩为宜。

（3）**基质准备**。基质可选用草炭、椰糠、珍珠岩、蛭石、陶粒等按比例进行配制，也可购买育苗专用基质。所用的基质需满足草莓生长所需的稳定、均衡的持水和通气要求，并提供相应的养分，使用前需进行杀菌处理。

（4）**母苗培育**。母苗培育的目标是尽可能促进匍匐茎子苗的发生。母苗选择同大田普通育苗，于2月底至3月初定植于装有基质的栽培槽或花盆中。植株整理、肥水管理等同大田普通育苗。

（5）**子苗培育**。子苗培育的容器可选用营养钵或穴盘，营养钵规格宜为8厘米（口径）×10厘米（深）×6厘米（底径），配备营养钵托盘；穴盘宜选用草莓苗专用型，规格约为52厘米（长）×26厘米（宽）×11厘米（高），12～24孔。于6月下旬将匍匐茎苗引插或剪插到营养钵或穴盘中，再进行管理。子苗生根1周后即可开始补肥，将尿素、磷酸二氢钾兑水稀释成含量0.15%的溶液，以滴管滴入，7～10天补充一次，出圃前2周停止。注意事项：使用过的容器再次使用需要消毒，因为可能会感染残留的一些病原菌、虫卵，消毒处理方法是先清除容器中的残留基质，用清水冲洗干净、晾干，并用多菌灵500倍液浸泡12小时或用高锰酸钾1000倍液浸泡30分钟消毒，晾干待用。

36　促进草莓苗花芽分化的措施有哪些？

花芽分化是草莓由营养生长转向生殖生长的过程，花芽分化的早晚、质量和数量显著影响着草莓的成熟期、产量和质量。草莓花芽分化主要由温度、光照、营养、植物激素水平及遗传物质等因素决定。10～20℃范围内低温为草莓花芽分化适宜温度；日照时间少于10个小时的短日照有利于花芽分化；植株体内氮素水平过高，草莓就会旺长而抑制花芽分化；植物激素方面，生长素和赤霉素会抑制花芽分化，细胞分裂素和脱落酸能促进花芽分化；遗传物质同草莓品种相关，选择花芽分化容易的草莓品种能使成熟期提早。目前，生产上常见的促进草莓花芽分化的方法包括：低温处理、遮光或短日照处理、降低植株氮素含量、喷施化学药剂。

（1）**低温处理**。8月初对草莓扦插苗进行夜冷处理，即16时至翌日8时进行12 ℃左右的低温处理，白天进入避雨的大棚中正常生长，持续15天以上草莓即可完成花芽分化。由于草莓苗每天需从冷库中搬进搬出、费工费事，为节约劳动力，在此基础上开发了间歇式夜冷处理和连续性低温暗处理。间歇式夜冷处理是将草莓苗夜晚放入冷库低温处理2～3天后，白天返回自然条件2～3天，反复实施2～3次，草莓即可花芽分化。

（2）**遮光或短日照处理**。遮光处理通常8月上旬开始，采用折光率50%左右的遮阴网覆盖草莓育苗棚，可以减少光照强度、降低温度，促进草莓花芽分化。但是长时间遮光处理会影响草莓苗光合作用，导致植株长势弱。因此，一旦确定草莓花芽分化后应立即去掉遮阴网，促进草莓苗生长。短日照处理是在草莓苗花芽分化前20天左右，早晚利用不透光的银色或黑色塑料膜覆盖育苗棚，使其缩短日照时间，15天以上即可促进草莓花芽分化。

（3）**降低植株氮素含量**。目前，控制草莓苗植株氮素水平最有效的方法是营养钵育苗，7月初将繁殖的匍匐茎子苗从母株上剪下，扦插到营养钵中生根成活，后期管理控制氮素水平，可以使草莓苗花芽提前分化；采用断根的方法控制植株氮素营养吸收，也可以促进花芽分化；通过加强草莓苗老叶摘除，也可以促进花芽分化。

（4）**喷施化学药剂**。目前的研究表明，外施植物激素可以促进草莓花芽分化，包括细胞分裂素和脱落酸等；抑制生长的农药如拿敌稳、烯唑醇等进行喷施也能促进草莓苗花芽分化。但是化学药剂对植株的影响较大，喷施浓度非常重要，浓度过高将导致植株矮化、抑制生长。

第六章

草莓栽培模式与设施栽培技术

37 草莓栽培类型有哪些?

根据生产目的和栽培原理的差异性,可将草莓栽培大致分为以下三种类型:

(1)**露地栽培**。露地栽培是一种常规栽培,不采用任何保护性设施(如温室、塑料大棚等),在田间自然条件下直接从事草莓生产,一般在秋季定植,春夏季采收,在江苏于4月底至5月采收。

(2)**半促成栽培**。半促成栽培是草莓随气温降低自然进入停止生长期后,经过一定的低温,利用园艺设施进行升温,并保温使其提前破眠,从而促进生长、开花结果。半促成栽培较露地栽培,一般可提前成熟15天至2个月。

(3)**促成栽培**。促成栽培就是不让草莓进入停止生长阶段,在低温来临之前开始保温,花芽分化阶段之后直接开花结实。促成栽培果实采收期可提前至11月,采收期长达5～7个月。

38 草莓促成栽培的设施类型有哪些?

根据设施建造材料和规格,草莓栽培设施主要有以下五种类型:

(1)**小拱棚**。在露地栽培与地膜覆盖的基础上,在早春气温回升后,用毛竹片、竹竿、荆条或钢筋等做架材,做成棚高1米以下的小拱棚,上面覆盖薄膜。管理人员不能在棚内工作,只能揭开薄膜在棚外操作。

(2)**塑料中棚**。塑料中棚是小拱棚和塑料大棚的中间类型,塑料中棚一般高度为2米左右,跨度4.5～6.0米,管理人员可以勉强在棚内操作;塑料中棚与小拱棚相比，空间升温较快，便于覆盖保温，若夜间覆盖草苦等，保温效果较好，可以用于半促成栽培。

（3）**塑料大棚**。通常以竹木、钢材为拱形骨架，一般高度为 2.5 米以上，跨度 6 ～ 10 米，可以建成单栋或连栋大棚。国内生产上使用的大棚主要有竹木结构、钢架结构、混合结构、管材组装大棚。优点是空间较大、保温较好，温度极低时还可以建小拱棚、中棚增加保温系数；缺点是建造成本较高。

（4）**玻璃温室**。玻璃温室是利用钢结构和高透光玻璃建造的房屋性状温室。优点是空间利用率高，保温效果较好，透光率最高，尤其适合于观光采摘；缺点是建造成本高，目前多用于农业示范园和产业园。

（5）**日光温室**。日光温室是靠自然光源作为能源而进行生产，适于冬季最低气温在 -15 ～ -10℃或短时期低温在 -20℃地区使用，墙体用砖或土坯砌成，也有用砖、石、土、煤渣、聚苯泡沫板等多种材料分层复合而成，骨架主要用竹木结构或钢筋材料，用水泥立柱作支撑或无支柱。采光面用厚度为 0.08 ～ 0.1 毫米的聚乙烯无滴膜，夜间为了保温，外部覆盖草帘、棉被、无纺布等。

(39) 设施草莓新型栽培模式有哪些？

常规土壤栽培模式是将植株直接栽种在土壤中，植株长势、果实产量和品质与土壤状况密切相关，在许多沙漠、荒原、海岛或难以耕种的地区，均不能采取土壤栽培模式。另外，常年的耕作使土壤盐分积累、病虫害加重、抑制根系生长的分泌物增加，连作障碍日益严重，造成草莓植株生长势减弱，产量降低，果实品质下降。设施草莓的栽培模式主要有以下几种：

（1）**架式基质栽培模式**。该模式指不用土壤而用基质，基质填充于离地面有一定高度架台上的栽植槽中，草莓植株栽种在基质上，并从中吸收养分的一种栽培方式。目前使用的有机基质主要有草炭、砻糠、锯木屑、食用菌生产的废料、棉籽壳、椰子壳等，无机基质主要有珍珠岩、蛭石、沙砾、煤渣等，在生产中必须把有机基质和无机基质结合使用。肥水一体化技术在草莓基质栽培生产中大规模应用。

（2）**高垄半基质栽培模式**。该模式指搭建栽培槽，将土壤回填到栽培槽的下部、中部用其他材料填充、上部用基质填充的一种栽培方式。该模式避免了常规土壤栽培模式垄面低，农事操作费工、费时、费力，不适合休闲采摘的问题，还避免了各种架式基质栽培模式成本太高、广大草莓种植户望而却步的问题。

（3）**无土栽培模式**。该模式指除了育苗时采用固体基质外，定植后采用水培、气培或水气混合培养的一种栽培方式。定植后水培时，草莓根系直接浸泡在营养液中，由流动着的营养液供应营养，通过加氧提高根系的通气性；气培是将营养液用喷雾装置雾化，使根系在封闭黑暗的根箱内，悬于雾化后的营养液环境中；水气混合培养是介于水培和气培之间。水培是最早应用的无土栽培技术，目前仍应用广泛。水培法对营养液的配制、调制和管理要求较严格，栽培过程中应定期检测、调整营养液。

40　架式基质栽培模式有哪些技术要点？

架式基质栽培可改善劳动姿势，减轻劳动强度，实现省力化栽培；能避免土传病虫害危害及连作障碍；可延长采收期，提高产量；能充分和合理地利用设施内的空间，使栽培实现立体化、工厂化；可提高草莓园的观赏性。

目前，架式基质栽培流行的栽培架主体都是采用镀锌钢管组装拼接，架面放置PVC栽培槽、泡沫箱或绑缚无纺布形成种植槽组合而成。种植的主要技术要点：①选择合适的架式。根据栽培架横截面情况可以分为单架面架式、双架面架式、阶梯架面架式等，生产中要根据园区需求、补光增温设施情况选择合适的架式。②选择合适的品种。架式栽培普遍存在基质温度低、光照不充分问题，需要选择耐低温弱光、花序梗较长的品种，还要兼顾种植效益，选择附加值高的品种。③栽培基质配制。基质不仅要支持草莓植株直立，还要提供良好的通气、透水、保肥性，便于根系充分吸收养分又不会渍水缺氧。④栽培营养液调配。架式栽培多采用营养液滴灌，不仅要求营养元素均衡，还要求酸碱度适宜，单次用量和间隔期也是影响营养液滴灌效果的重要因子。⑤保温和补光设施。需要增加保温和补光设施设备，以抵御极端低温。⑥定植、覆膜、放蜂、植株整理、病虫害防治等其他管理措施同常规栽培模式。

41 高垄半基质栽培模式有哪些技术要点？

高垄半基质栽培模式是结合土壤高垄栽培与架式基质栽培特点的新型栽培模式，主要技术要点：①选择适宜的围挡类型。根据材料的易取性进行选择，主要材料有控根器、护墙板、石棉瓦、水泥板、塑料扣板、瓷砖、彩钢瓦。②正确搭建架式。高地势搭建，南北走向，垄面35～40厘米，高度设定60～80厘米，单条长度50米内。③介质填充。底部就地取土，中部可选稻壳、珍珠岩等，上部10～15厘米用基质填充。④定植、覆膜、放蜂、植株整理、冬季保温、降湿、病虫害防治等其他管理措施同架式栽培模式。

42 设施草莓栽培田块如何选择？

草莓喜光又耐阴，喜水又怕涝，且怕旱，喜肥又怕肥害。草莓园应选地势稍高、地面平整、光照良好、土壤疏松透气、有机质丰富、肥力充足、排灌方便、最好为未种过草莓的地块。

选园地时应注意前茬作物，不要选择与草莓有共同病虫害的茬口。前茬为叶菜类蔬菜、小麦、玉米较适宜，避开刚种过与草莓有共同性病害的茄科植物（如马铃薯、番茄、辣椒、茄子）的地块，已发线虫或刨去老树的果园必须经过土壤消毒后方可使用。草莓园避免常年连作，对种过草莓的地块，有条件的话最好每3年后间隔1～2年栽种水稻等水田作物。园地四周要开阔、向阳、背风，并便于看护和管理。

43 基肥使用有哪些要求？

已连年种植草莓的田块，基肥应在土壤高温闷棚前施入，利用闷棚期的高温完成腐熟，每亩施用优质农家肥3500～4000千克、饼肥或腐熟大豆100～150千克、磷肥50千克，均匀撒施在棚内，后灌水，水位接近垄面，再用拖拉机充分旋耕，最后闷棚。

未种植草莓的新田块，基肥可以在整地起垄时施入，但必须提前腐熟，用量与已种植田块相同。

44 如何整地与起垄？

土壤闷棚处理完成后，即开始整地。若土壤处理时没有施入基肥，整地时要足量补充底肥，并增加适量生物菌肥，均匀撒施后，用旋耕机充分旋耕，让底肥与土壤混合均匀，旋耕深度不低于20厘米。

整地后即开沟起垄，以深沟高垄为宜。一般大棚宽度为8米，可做8条高垄。垄宽95厘米（连沟），沟底宽约30厘米，垄底宽约65厘米，垄面宽约50厘米，在确保垄面、沟底宽度的前提下，尽量把垄做得越高越好，一般40厘米以上。起垄等工作需要在定植前10天左右完成，起垄后在垄表覆盖旧的塑料薄膜，有利于土壤中肥料熟化，并能使土壤保持一定的湿度，还能避免雨水冲刷，减少肥料流失。

45 设施草莓生长时期怎样界定？

设施草莓的栽培制度多为一年一栽制，定植时期在秋季，以宁玉为例，主要生长时期界定如下：

（1）**缓苗期**。定植后7～10天，此阶段植株新根开始生长，恢复养分、水分吸收功能，植株地上部分生长不明显。

（2）**开始生长期**。定植后10～45天，此阶段新叶陆续长出，至显蕾前拥有4～5片功能叶，同时也是继续完成花芽分化的过程。要及时灌水施肥，以便新叶及早抽出，为丰产打下基础。

（3）**显蕾期**。在新叶抽出4～5片时，花序就在第5片叶的托叶鞘内露出，逐渐伸出至整个花序显露，持续10～15天。

（4）**开花和结果期**。单花开放可持续3～5天，从开花到果实成熟需要30～45天。草莓开花顺序是一级序花、二级序花、三级序花……因此，开花与结果同时进行，很难分开。设施草莓开花结果可持续至5月，时期长，需要大量养分供给植株，必须掌握好水肥调控。

（5）**旺盛生长期**。3月中下旬，温度回升，日照加长，植株开始发出葡萄茎，生殖生长逐渐向营养生长转换，草莓迎来旺盛生长期。

46 生产苗定植技术要点有哪些？

（1）**定植时间**。定植前关注天气预报，有雨时在雨前抢栽，天阴时突击种植，晴天在下午或气温下降时栽植。

（2）**植株处理**。为减少水分蒸发，定植前最好摘除苗的部分老叶，仅保留3～4片新叶，剪除部分发黑的根状茎和须根。为提高根系发根效率，定植前用20～30毫克/千克萘乙酸浸根15～20秒。

（3）**定植方向**。生育好的草莓植株短缩茎基部有肥大弯曲的凸面，略呈"弓"形，花序从新茎弓背凸面方向伸出（这是未来结果的位置），高垄栽植，将弓背朝向垄外侧坡，便于垫果和采收，又有利于通风透光、减轻病害、提高品质。

（4）**定植穴**。栽苗时，用锄头或铲子插入土中开穴，穴大小需适宜苗根舒展。栽植深度以填土浇水沉实后苗心略高于土表为宜，真正做到"深不埋心，浅不露根"。

（5）**定根水**。定植后，立即浇透水，利于定根，使根系和土壤接触紧密，并检查定植疏漏，及时补种。

（6）**遮阴**。定植后3～5天，用遮阴网降温。

47 定植后植株如何管理？

（1）**水分管理**。定植后20天内，一定要保持根茎部周围处于湿润状态，促进根的发生。有条件的最好在垄背中央设置滴管带，既省力又节水。

（2）**病虫防治**。定植时，植株很容易产生机械伤口，受到害虫和病菌侵染，定植后2天内使用广谱性杀菌剂和杀虫剂预防，效果明显。

（3）**老叶、枯叶清除**。缓苗期结束后，及时清除病叶、老叶和枯叶，既能防范病菌侵害，也能集中养分促进新叶生长。

（4）**腋芽、匍匐茎清除**。由于植株生长旺盛，易出现分流养分的腋芽和匍匐茎，减少大果率和产量，因此必须及时摘除。

48 地膜覆盖技术要点有哪些？

覆膜时间过早会引起草莓腋花芽分化推迟，覆膜过晚顶花序已抽出易弄伤花朵及地温上升推迟影响顶花序的采收期。覆膜应在腋花序分化确认后立即开始，一般在10月中旬左右覆盖。技术要点：①选择合适地膜，一般选择0.008～0.02毫米黑白双色薄膜，宽度需要根据垄面宽、垄高及单覆还是双覆进行，总之要把垄侧面、垄沟底一起覆盖住。②不要在清晨进行，此时草莓植株含水量高，叶柄较脆，容易折断或损伤叶片，一般在中午前后受阳光照射叶片发软时操作为好。③选择无风天气，顺行把地膜平铺覆盖在草莓植株上，要求膜面伸展不卷。④作业时，掏出草莓的洞口要尽量小一些，以增加保温效果和减少从洞口长出的杂草危害。

49 棚膜怎样选择？何时覆盖？

（1）**棚膜选择**。我国常用的棚膜主要有以下四种：

聚氯乙烯（PVC）棚膜：保温性、透光性、耐候性好，柔软，易造型，适合作为温室、大棚及中小拱棚的外覆盖材料。缺点是薄膜比重大，成本增加；低温下变硬、脆化，高温下易软化、松弛；助剂析出后，膜面吸尘，影响透光。

聚乙烯（PE）棚膜：质地轻，柔软，易造型，透光性好，无毒，适于做各种棚膜、地膜，是我国主要的农膜品种。缺点是耐候性及保温性差，不易黏接，必须加入耐老化剂、无滴剂、保温剂等添加剂，才能适于生产的要求。

乙烯-醋酸乙烯共聚物（EVA）棚膜：保温性、透光性、耐候性都强于PVC或PE农膜。EVA棚膜覆盖可较其他棚膜增产10%左右，可连续使用2年以上，老化前不变形，用后可方便回收，不易造成土壤或环境污染。

调光性农膜：在PE树脂中加入稀土及其他功能性助剂制成的调光膜，能对光线进行选择性透过，是能充分利用太阳光能的新型覆盖材料，与其他棚膜相比，棚内增温保温效果好，作物生化效应强，对不同作物具有早熟、高产、提高营养成分等功能，稀土还能吸收紫外线，延长农膜的使用寿命。

（2）覆盖时间和技术。覆盖薄膜一般在10月下旬至11月初，平均气温接近15℃，昼长短于11小时进行。扣棚过早，温度尚高，容易生长过旺而导致减产，不利于腋芽的分化；扣棚过迟，气温低，植株进入休眠矮化，即使给予高温条件，植株也难以短期内恢复正常生长发育，导致结果晚、产量低。在气温低于5℃时需加盖中棚，当气温低于0℃时要再盖一层小拱棚，做好三重覆盖的准备，否则花果都会容易受到冻害，造成不必要的损失。

50 如何控制设施内温度？

为防止草莓进入休眠，设施内温度主要通过棚膜覆盖层数、掀/盖膜时间与时长、人工通风加温等措施控制。根据草莓生长结实需求，以掀/盖膜、增加棚膜层数为主，极端低温时需要采用电加热、燃烧燃料等措施。

生长初期保温温度相对高些，一般白天温度控制在28～30℃，最高不超过35℃；夜间温度控制在12～15℃，最低不低于8℃。

开花期对温度的要求比较严格，温度过高、过低都不利于授粉受精的进行，易产生畸形果。一般白天温度控制在22～25℃，最高不超过28℃；夜间温度控制在10℃左右为宜，最低不低于7℃。

果实膨大和成熟期受温度影响较大，温度过高，果实发育快、成熟早，但果实较小，商品价值降低。比较适合的温度是白天控制在20～25℃，夜间控制在5℃以上。

51　如何控制设施内湿度？

当空气湿度为40%～50%时，草莓花药的开裂率最高，花粉发芽率也最高。当空气湿度达到80%以上时，花粉无法正常散开，授粉不均匀。因此，设施草莓整个生长期都要尽量降低棚内的空气湿度，这也可以防止多种病害的发生。垄沟内铺设地膜，可阻断土壤中的水汽到设施大棚内；铺设干草或秸秆，可吸附大棚内水分，降低棚内湿度；少量多次膜下滴灌施肥补水，杜绝大水灌透，可减少人为增湿；适时增温、通风换气，停用喷雾和弥雾方法，改用烟雾剂防治病害，降低空气水汽饱和度。

52　如何增加设施内光照？

草莓植株生长需要充足光照，首先要选择透光率高的大棚膜，尤其是多层覆盖棚体更应该采用高透光率薄膜，以减少多层叠加导致的透光乘积性。

冬季光照不足，可采用灯照补光，特别是遇有连续阴天，更应补光。布设60～100瓦普通白炽灯或同等光照度的节能灯及其他类型补光设备，每盏灯辐射面积12米^{2}左右，在阴天进行补光，补光时段应与温度升高时段重合，一般在8：00～17：00时段补光。为延长12月至翌年1月的日照时长，每天在17：00～20：00补光2～3小时。

53　设施草莓花果如何管理？

疏除易出现发育不良的高级次花，有利于集中养分，提高单果重和果实品质。

疏果时应疏除病果、烂果、过早变白的小果及畸形果。由于南方与北方草莓栽植的密度、光照强度等不同，在植株留果的数量上也有不同，南方一般第一花序保留9～12个果，第二花序保留7个果左右；北方一般第一花序保留 4 ～ 6 个果，第二花序保留 3 ～ 4 个果。此外，结果后的花序梗要及时清除，以促进新花序的抽生。

54 草莓生长期土壤水分如何管理？

草莓定植成活后，即进入植株旺盛生长阶段，需要及时补充水分，应不低于 80% 最大持水量。一是铺滴灌带，不仅做到精准按需补水，还解决了大水漫灌造成的大棚内空气和土壤湿度过大、容易滋生病害的弊端；二是及时覆盖地膜，保墒除草，减少蒸发耗水。

草莓果实采摘期，要控制土壤含水量不超过 70%，才有利于果实糖分积累和品质提升。

55 草莓生长期的土壤追肥时期、种类和用量如何确定？

设施草莓在定植前除施入基肥外，还需要及时追肥以补充营养，主要追肥时期划分为显蕾期、果实转白膨大期、果实采收后期和各次级花序显蕾期。追肥最好用复合肥，少量多次，注意肥料中氮、磷、钾的合理搭配，将肥料溶于水后通过滴灌带结合补水施用。

顶花序显蕾时，为了促进顶花序生长，以氮、磷、钾均衡施肥，每亩按 15 千克左右的用量。果实开始转白膨大时，可加大施肥量，以磷、钾肥为主，每亩 20 千克左右的用量。顶花序果实采收前、次花序显蕾时，以磷、钾肥为主，每亩 15 千克左右的用量，附加叶面喷施适量钾、硼肥。顶花序果实采收后期，植株养分大量消耗，必须及时补充保证植株正常生长，以氮、钾肥为主，附加适量磷肥，每亩 20 千克左右的用量。

第七章

土壤连作障碍及其克服技术

56 什么是土壤连作障碍？

在草莓生产上，土壤连作障碍指连续在同一块土地种植草莓，在正常的栽培管理下，草莓植株表现出生长发育不良、品质与产量下降、病虫害加重的现象。草莓连作障碍的症状具体表现为大多受害植株根系发生褐变、须根减少或不伸长、活性降低、吸收水分和养分的能力下降，导致植株生长发育受阻、矮小、长势变弱（图7-1）、病害感染严重，甚至局部田块出现植株死亡，果品质量逐年变劣，产量逐年下降。

图 7-1 连作草莓植株长势比较

57 土壤连作障碍产生的原因有哪些?

草莓连作障碍的原因很复杂,是草莓和土壤两个系统内部诸多因素综合作用的结果。草莓品种和栽培管理条件不同,其产生连作障碍的原因也有差异。总体来讲,草莓连作障碍发生的原因主要包括土壤理化性质变化、土壤微生物多样性失调和草莓根系的自毒作用三个方面。具体为土壤酸化、土壤次生盐渍化加剧、土壤孔隙度与结构发生改变、土壤养分缺失及失去平衡、病原菌(疫霉属、镰刀菌属和轮枝菌属等)和虫卵在土壤中累积、酚类和酸类等化学物质在植株根部富集等。

58 连作土壤理化性质如何变化?

土壤长期连作其理化性质劣变,土壤中所含的各种微量元素失衡,养分分布不均。栽培过程中大量化肥和农药的使用,使得土壤中氮素和磷素富集,随土壤水分的蒸发,土壤深层肥料和盐分逐渐向表层迁移,加上长期设施种植草莓的土壤得不到雨水的淋洗,表层土壤中的盐类堆积,引起土壤次生盐渍化,适宜一些藻类生存,当藻类死亡,表现出红色(图7-2)。土壤次生盐渍化会

图7-2 草莓土壤养分富集致使表土发红

抑制草莓对钙、锰、硼等营养元素的吸收。大量使用生理酸性肥料和没有腐熟完全的有机肥料，不能完全被草莓根系吸收，导致土壤酸化。此外，连作引起的盐类积累会使土壤板结，通透性变差，需氧微生物的活性降低，土壤熟化慢，同时耕翻深度不够，使土壤耕作层变浅，固定在一定的范围内，影响根系的伸展，造成植株生长产生障碍。

59　连作土壤的微生物菌群会发生怎样的变化？

土壤微生物群落的种类、数量及变化是衡量土壤质量的重要指标。随着草莓连作年限的增长，土壤微生物多样性降低，土壤中硝化细菌、氨化细菌和放线菌等有益菌的种类及数量呈逐年下降趋势，而土壤中木霉类、镰格孢属等病原真菌和病原线虫的种类及数量明显增加，土壤由高肥力的"细菌型"转变为低肥力的"真菌型"是连作土壤质量下降的重要因素。

60　连作引起的土传病害有哪些？

草莓土传病害主要有枯萎病、根腐病、黄萎病和青枯病。由于常年连作，有利于草莓土传病害致病菌的累积，土传病害的发生往往是多种病原菌复合侵染的结果，是草莓连作障碍的主要因子之一，发生非常普遍。草莓连作使得土壤形成了一个特殊的生态环境，其中有益微生物活性受到抑制，大量病原微生物繁衍增殖，使土壤病原微生物数量逐渐占优势，最终导致病害加剧。

61　克服连作障碍常用技术有哪些？

生产上针对连作障碍问题坚持"防在先，治在后"的原则，克服连作障碍常用核心技术有轮作、太阳能消毒和化学药剂处理，同时配合合理施肥与灌溉、栽培抗病品种和培育无病壮苗等措施。

（1）**轮作**。轮作有利于改善连作土壤中微生物结构，增强土壤酶与微生物活性，提高土壤肥力与微生物的繁殖能力，改善草莓生长发育，提高产量与品质。不同种植区域常用的轮作技术不同，水源充足的地区常用水稻+草莓、水生蔬菜（蕹菜）+草莓等水旱轮作技术，水源不充足的地区主要以玉米+草莓等旱旱轮作为主。

（2）**太阳能消毒**。每年的七八月份阳光照射充足，气温高，辐射能量大，利用太阳能进行消毒处理效果较好。早期处理方法主要是普通太阳能闷棚，但是该方法消毒效果一般，近年来推荐使用有机质+水+太阳能高温闷棚。

（3）**化学药剂处理**。生产上常用石灰氮、棉隆和威百亩等药剂处理。

62 草莓和玉米套作克服连作障碍有哪些操作要点？

草莓和玉米套作可增强草莓植株超氧化物歧化酶、乙醇脱氢酶和过氧化物酶等的酶活性，提高草莓产量与品质，降低定植死亡率，增强植株长势。草莓和玉米套作操作要点（图7-3）：3月下旬在草莓垄面中心撬窝点播1行玉米；

图7-3　草莓和玉米套作处理

4月下旬去除草莓植株；5月中下旬去除地膜与棚膜；7月初玉米秸秆还田，玉米粉碎时每亩施碳氨50千克、过磷酸钙100千克；8月上旬，起垄前每亩施有机菌肥80千克，抗重茬的生物菌肥20千克，复合肥20千克，起垄后待移栽。

63 草莓和水稻轮作克服连作障碍有哪些操作要点？

水旱轮作可有效改善土壤次生盐渍化导致的连作障碍，增加有益微生物的数量，使土壤生态环境得到修复。草莓和水稻轮作操作要点（图7-4）：5月中旬草莓收获结束后，将健康植株还田、灌水、旋耕；5月下旬撒播稻种，水稻生长；7月底，将水稻还田，添加腐熟的有机质，并再一次旋耕；8月中旬，晾干、起垄；9月上中旬进行草莓苗定植。

图7-4　草莓和水稻轮作处理

64 有机质+水+太阳能克服连作障碍有哪些操作要点？

有机质+水+太阳能处理（图7-5）效果好，近年来生产上应用广泛。该方法具体操作要点：大棚草莓采收结束，先挖除有病的草莓植株，将余下的草莓植株地上部分茎叶割下放到垄沟内；密闭大棚，对大棚内环境及土壤进行为期1周的太阳能高温消毒；1周消毒结束，将豆饼（或菜饼）200千克/亩或米糠、羊粪等农家肥2000千克/亩，过磷酸钙75千克/亩，以及石灰氮颗粒剂30～40千克/亩均匀撒施在棚内，然后灌水，水位接近垄面，用拖拉机进行旋耕；旋耕结束，整平土地，补充水位高于土表1～2厘米，密闭棚膜30～40天，其间如出现土表干裂则及时补足水分以保持土壤湿润；定植前15天拆除棚膜，一般在8月上旬，做好定植前准备。

图 7-5　有机质 + 水 + 太阳能处理

65　常用药剂处理克服连作障碍有哪些操作要点？

生产上常用的药剂主要为棉隆和威百亩等，土壤或基质消毒（图7-6）都有效，具体操作要点如下：

（1）**整地。**使用药剂前先深翻30厘米左右，用旋耕机打地，使土壤颗粒细小而均匀。

（2）**浇水。**保持土壤湿度在60%～70%。

（3）**施药。**将棉隆均匀撒施在土壤中，药量为20～30千克/亩，施药后用旋耕机再次打匀，深度为25～30厘米。威百亩按制剂用药量加水稀释50～75倍（视土壤湿度情况而定），均匀喷到土壤表面并让药液润透土层4厘米。若要施农家肥如鸡粪等，一定要在消毒前加入。棉隆基质消毒药量为15～20克/米²，施药后拌匀，并洒水，使基质湿润。

（4）**覆膜**。覆盖的塑料布不能太薄，最好用无透膜（不透气）或用4丝以上的塑料膜进行覆盖。根据温度高低，密封消毒15～30天。

（5）**揭膜**。揭去薄膜，按同一深度30厘米进行松土，透气7天以上。

（6）**土壤活化**。用高含量复合生物菌类产品在种植前对消毒土壤进行活化处理，处理深翻土壤30厘米，整平耙细，保持70%土壤湿度，以提高处理效果。

图 7-6 采用棉隆和威百亩等进行土壤或基质消毒

第八章

草莓病虫害防治技术

66 草莓生产中主要病害有哪些?

草莓生产主要采用一年一栽的设施栽培模式,连年种植,病害时常发生,主要有以下类型病害:

(1)**果实病害**。果实病害是对经济效益影响最严重的病害,直接导致果实无法出售。虽然有些病害会引起果实采后损失,但大多数病害主要危害采前的果实。果实采前的主要病害是灰霉病和白粉病,尤其是寡照阴雨天气尤为严重,还有其他果实病害如疫霉果腐病、炭疽病、革腐病等。

(2)**叶部病害**。在一年一栽生产中,主要叶部真菌病害有白粉病、炭疽病、叶枯病、叶斑病及细菌性病害。白粉病、炭疽病及叶斑病在江苏地区经常发生,其他叶部病害偶尔发生,但一般不严重。2017年,在品种甜查理上发现新病害——红叶病。

(3)**根部病害**。因土壤连作,土传病害发生日趋严重,受害植株发育不良或死亡,产量降低,造成严重经济损失。根部病害主要有炭疽病、枯萎病、黄萎病、红心根腐病等。2019年,在品种红颜上发现新病害——空心病,又称"断头病",在北京、山东、江苏、河北、云南等草莓种植区均有发生,其危害程度超过炭疽病和根腐病。目前对该病害的发病来源、致病菌及病害流行传播途径等众说纷纭,尚没有权威定论,缺乏有效的防治手段。

67 炭疽病发生特点有哪些及如何防治?

草莓炭疽病是由多发性真菌胶孢炭疽菌（*Colletotrichum gloeosporioides*）和尖孢炭疽菌（*Colletotrichum acutatum*）引起的病害（图8-1）。症状表现为叶片、叶柄和匍匐茎产生纺锤状或者椭圆形的黑色病斑，潮湿环境下形成红色分生孢子堆。症状明显时会造成叶柄的折损，匍匐茎枯死，侵入到短缩茎部位，植株整体萎蔫甚至枯死。炭疽病菌在草莓育苗阶段发生普遍，夏季7～8月、定植后9～10月在江苏、浙江、上海等南方高温多湿地区容易流行暴发。不仅影响草莓苗的数量，而且严重影响草莓苗的质量，乃至后期草莓的产量与品质。

炭疽病属于高温性病害，病菌适宜存活温度为28～30℃，主要靠土壤和水媒进行扩散。感病植株残体、感病母苗是扩散的感染源，因此集中处理感病残体、进行土壤消毒、利用无病母苗是预防发病最有效的方法。清除园内的感病植株和病叶，利用太阳能或石灰氮等进行土壤消毒。母苗选择抗病性好的无病健壮苗，及时摘除病叶和发病匍匐茎，控制育苗密度，避免大水泼浇和漫灌，有意识地加强肥水等苗床管理。除此之外，为了达到预防目的，在草莓匍匐茎开始伸长、田间摘老叶、除草及降雨的前后等关键时期进行重点化学药剂防治，通常使用的药剂有25%咪鲜胺乳油1500倍、22.7%二氰蒽醌可湿性粉剂700倍、80%代森锰锌可湿性粉剂400～600倍、50%腐霉利乳油800倍等。

图 8-1　草莓炭疽病症状

68 枯萎病发生特点有哪些及如何防治？

草莓枯萎病是由尖孢镰刀菌（*Fusarium oxysporum f. sp. fragariae*）引起的病害，在高温育苗期容易侵入根部，通过匍匐茎的导管移动到子苗进行传播。初期症状主要表现在新叶上，新叶失绿黄化，在3片小叶中往往有1～2片畸形或变狭小，致病株叶片失去光泽，植株生长衰弱（图8-2）。如果切断感染病株的短缩茎，可以看到维管束部分显示为褐色，导致植株养分输送受阻，结果少且小，果实不能正常膨大。病情严重时，下叶枯萎，几乎看不到白色的根，腐烂成黑褐色的多，整株萎缩死亡。

尖孢镰刀枯萎病菌发育温度为8～34℃，最适温度为28℃左右，以菌丝或厚垣孢子在植株残体或土壤中越冬，是土壤传染性较强的病害，多发生在连作草莓园。苗地发现感病植株在初期就要及时拔掉，并带到园外销毁。同时，要利用太阳能或石灰氮等进行土壤消毒，在定植前可选用70%甲基硫菌灵可湿性粉剂400～500倍液、50%苯菌灵可湿性粉剂500倍液浸根半小时、50%多菌灵可湿性粉剂200倍液灌根等进行处理。

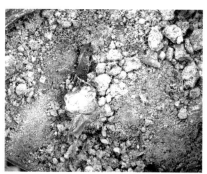

图8-2　草莓枯萎病症状

69 灰霉病发生特点有哪些及如何防治？

草莓灰霉病由葡萄孢属的灰霉菌（*Botrytis cinerea*）引起，是世界性的草莓重要病害，主要危害草莓的蕾、花、果实及花果梗（图8-3）。花器受害，先在花瓣、花萼处产生水渍状淡褐色斑点，后呈褐色，轻者形成小僵果，重者引起花器腐烂；果柄、叶柄受害，初期稍变色，呈现暗褐色长形病斑，后期产生稀疏霉层；叶片受害，可见褐色或暗色水渍状病斑，有时病斑略具轮纹，湿润条件下叶背面出现乳白色绒毛状菌丝团。草莓果实受害时，发病初期果实表面呈水渍状或油渍状淡褐色斑块，后变为暗色，稍凹陷，组织软化腐败，香味消失，密生灰色霉状物，未成熟的果实可呈现干腐状态。

图 8-3　草莓灰霉病症状

灰霉病发生适宜温度是20～25℃，喜欢低温潮湿环境，产生的孢子通过风、雨水或者人的活动等传播。江苏冬季外界温度低，为保温开棚迟、关棚早，棚内湿度大，再遇连续寡照阴雨天气，利于病菌侵染；春季气温回升后，棚内湿度达到85%以上，容易流行暴发。

除了化学药剂防治方法外，可以调节大棚温度、湿度等农业措施抑制病害的发生和传播。具体做法如下：① 平时加强管理，进棚多观察，利用灰霉病易从残花开始侵染这个特点，及时将残花烂果带出棚外集中销毁处理。② 阴雨天不要进行农事操作如打叶等，不利于伤口愈合，病菌会趁机从伤口侵入。③ 棚膜要勤打扫，保持棚面清洁，增强光照。④ 阴雨天不要浇水施肥，最好选在晴天上午浇水施肥，且及时放风排湿，降低棚室内湿度，减少棚膜结露滴水。⑤ 高变温管理，利用春季高温抑制病害发生的机理，晴天上午闭棚，当棚温升至30℃以上时闷棚1～2个小时，再通风降温至25℃以内，反复2～3次。灰霉病在棚温高过30℃时，孢子萌发速度受到抑制，当超过33℃时，就不再产生孢子，因此高温可有效降低灰霉病的发生。⑥ 使用药剂防治，一般选择晴天上午10时左右清除病残体，采用50%腐霉利（速克灵）可湿性粉剂1000倍液、50%啶酰菌胺水分散粒剂1500倍液、50%咯菌腈可湿性粉剂4000倍液等进行防治，一般5天用药1次。

70 白粉病发生特点有哪些及如何防治？

草莓白粉病是由襄壳属羽衣草单襄壳（*Podosphaera macularis*）引起的病害，主要危害叶片、叶柄、花、梗及果实（图8-4）。嫩叶首先受害，侵染初期在叶背和叶柄上产生白色近圆形星状小粉斑；后向四周扩展成边缘不明显的连片白粉，严重时整叶布满白粉，叶缘向上反卷变形，叶质变脆；最后病叶逐渐枯黄，直至叶片枯死。幼果受侵染后，果面出现紫红色斑点，幼果停止发育，严重时整个果面呈白色，并产生白色粉状物，果实光泽减退并硬化、不膨大，失去商品价值。

图8-4 草莓白粉病症状

草莓白粉病在整个生长季节可不断发生，适宜发生温度为20℃，多发生在10～12月和翌年3～5月。江苏早春季节容易蔓延，如不及时防控，感染整个大棚也很常见。在盛夏高温条件下，会暂时停止发病，但随着气温下降，白粉病菌源将再次侵染发病。

防治措施除了化学药剂防治方法外，硫黄熏蒸、施用硅酸、紫外线照射等防除方法也得到开发与应用。选用抗白粉病的优良草莓品种如宁玉，同时合理施肥，及时通风，控制棚内湿度，促进植株健壮生长，增强抗病能力。另外，在发病初期及时摘除病叶、病果，集中销毁，并进行药剂防治，可有效控制其危害。通常采用的药剂有40%氟硅唑乳油4000倍、25%乙嘧酚悬浮剂1000倍、12.5%烯唑醇可湿性粉剂1500倍、12.5%腈菌唑乳油1500倍等。

红叶病发生特点有哪些及如何防治？

　　红叶病可能是由拟盘多毛孢属（*Pestalotiopsis*）引起的真菌病害，近年来在湖北、山东、安徽和江苏等地的草莓生产上均有发生。红叶病在江苏首次发现是在2017年徐州市贾汪区栽种的甜查理品种上。该病症状表现为新叶片不对称失绿，老叶片呈现红色斑点状（一边多一边少），严重时整个叶片枯死，而根茎结合部剖面未见明显的变色，最终导致整个植株枯萎死亡（图8-5）。该病害具有较强的传染性，严重时造成整行或整棚甜查理草莓苗死亡，给生产上带来较大的经济损失。随着物流运输业的快速发展，种苗异地繁育，频繁交叉运输，红叶病已扩展到红颊、宁玉、章姬等品种，并呈现逐年加重趋势，已成为制约我国草莓产业发展的重要因素之一。

　　目前对感病植株无有效的治疗手段，因此对草莓红叶病管理策略重点在于预防。综合治理方法是选用无病苗、土壤杀菌处理、促壮栽培等组合进行，共同达到防治草莓红叶病的目的。建议定植时采用45%咪鲜胺水乳剂1000倍液蘸根处理，在促活的同时避免漫灌，降低相互传染。成活后推荐使用双苯菌胺、戊唑醇、嘧菌酯、苯醚甲环唑和氟环唑等化学药剂，这些对该病菌也有一定的防治效果。定植后田间土壤湿度大，一旦发病则防治效果不理想。

图8-5　草莓红叶病症状

72 空心病发生特点有哪些及如何防治？

空心病是草莓生产上新发现且大面积暴发流行的一种病害（图8-6），大多在显蕾期表现出症状，一旦发病多成片发生。在草莓空心病发生的中后期，剖开短缩茎可见水烫状、似髓的空洞，用手轻掰即断，因此将其也称为"草莓断头病"和"草莓髓空病"，2019年在我国草莓种植的大部分地区均有发生。目前，对该病的致病菌研究结果不一，主要是因为回接后难以得到短缩茎髓空的症状，其致病菌是假单胞杆菌属（*Pseudomonas*）或是黄单孢杆菌属（*Xanthomonas*）还存在争议。该病害主要借助风、水，通过根茎的伤口进行侵染，最明显的特征是短缩茎纵剖面可见呈水烫状的空洞，湿度较大时在叶片背部，叶脉两侧可见溢出的呈琥珀状的黄色胶体颗粒，被侵染后的叶片多表现为缺少光泽，新叶泛黄，甚至新叶出现大小叶现象，在湿度较大、中低温（15～25℃）时发生较重。在实际生产中，要注意草莓空心病与细菌性角斑病及枯萎病的区分。

图8-6 草莓空心病症状

目前，针对该病害防控相关的研究报道较少。针对该病害要以预防为主，如选用健壮的脱毒苗、生长期避免使用喷灌和大水漫灌补水、尽可能减少人为机械损伤、摘除老叶后及时喷施细菌性杀菌剂、定植前药剂蘸根等。发病初期，建议使用内吸性药剂（如中生菌素、春雷霉素、噻唑锌、噻霉酮等）与保护性铜制剂（如氢氧化铜、氧化亚铜、碱式硫酸铜、氧氯化铜等）混合施用，对叶面、垄面喷施，同时配合药剂灌根，一般在种苗定植后1个月左右进行药剂灌根，每次灌根建议间隔2周以上，连续灌根2次以上。

(73) 如何识别草莓生理性病害？

生理性病害一般是由不适宜的环境条件引起的生理障碍，这类病害没有病原物的侵染，不能在草莓个体间互相传染。生理性病害具有突发性、普遍性、散发性、无病征的特点，由高温、低温、强光、弱光、药害、营养元素过量或缺乏等因素引起，其中黄化、小叶、花叶、新叶焦枯等症状，在草莓生长过程中较为常见。由高低温、强弱光、药害胁迫引起的生理性病害可以直观感受和观察到，而营养元素过量或缺乏容易与病毒、病害混淆，确诊时需全面分析观察。下面介绍草莓生产中常见的缺钙、缺铁的症状及形成原因。

（1）**草莓缺钙的症状。**顶芽、侧芽、根尖等分生组织易腐烂死亡，新叶的顶端会皱缩，有淡绿色或淡黄色的界限，叶片褪绿，叶尖部分会焦枯，花蕾变成褐色，花萼部分会焦枯，幼叶也发生皱缩。在幼果期，容易发生硬果，到了成熟期果实会发软，容易感染灰霉病（图8-7）。

图8-7 草莓缺钙的症状

草莓缺钙的原因：①土壤中缺乏钙元素；②与磷、硫等元素反应被固定，形成难溶的磷酸钙、硫酸钙，很难被作物吸收利用；③土壤盐渍化或其他因素导致的根系受损，钙吸收受到抑制；④大量使用氮钾肥，钾、铵态氮过多补充引起施肥不均衡，或与钾元素产生拮抗，抑制根系对钙的吸收；⑤吸收障碍，钙属于难移动元素，钙的吸收主要靠叶片的蒸腾产生的拉力进行运输传导，连续阴天的蒸腾作用减弱造成钙吸收障碍，此外，因温度低、土壤过干或过湿导致根系活力差，也会导致草莓对钙的吸收障碍。

（2）草莓缺铁的症状。铁在植物体内不易移动，缺铁时首先表现在幼叶上，表现为脉间失绿，严重时整个幼叶呈黄白色（图8-8）。

图 8-8　草莓缺铁的症状

草莓缺铁的原因：①一般碱性或酸性强的土壤中可溶性的二价铁特别容易被转化为不可溶的三价铁，植株不能吸收利用而导致缺铁；②石灰质等碱性土壤中铁元素易被固定，难以被直接吸收利用；③土壤过干、过湿或肥料施用结构不合理，引起土壤盐渍化等降低根系活力，影响根系对铁的吸收；④温度过低造成的蒸腾作用减弱和根系活性下降，也会影响铁元素的吸收。

74　草莓生产中主要虫害和螨害有哪些?

昆虫和螨类都是节肢动物，群体量大。了解草莓生产模式和节肢动物的生活习性对治理虫害、螨害至关重要。节肢动物在温暖地区繁殖较快，每年产生很多代，且世代易重叠。草莓主要使用的是冬季一年一栽的设施栽培模式，创造了利于节肢动物冬季生长发育的生态环境。草莓是利用匍匐茎进行无性繁殖的作物，露地繁育子苗，棚内定植进行鲜果生产，时间茬口上无缝衔接，所以有害节肢动物更倾向于在草莓内循环危害草莓。

草莓上的主要虫害有蓟马、蚜虫、夜蛾类等，而果蝇、粉虱、蜗牛、蛴螬、地老虎偶有发生，但不会造成严重危害。另外，草莓上螨害主要是二斑叶螨和朱砂叶螨，在高温干燥的条件下最为活跃，需要注意加强发病初期的防控（图8-9）。

斜纹夜蛾　　　　　　　　螨虫

蓟马

图8-9　草莓主要虫害和螨害

(75) 蓟马发生特点有哪些及如何防治?

蓟马体形很小，细长，0.5～2.0毫米。若虫和成虫通常具有相同的形状，若虫无翅，幼时乳黄色，发育完全时为黄色；成虫土黄色，有流苏状窄翅，有毛，当不动时，双翅纵向折叠于背部。蓟马主要吸植株幼嫩组织（叶片、花、果实等）汁液，被害的叶片变黑，质地厚、有光泽，植株生长缓慢，矮化，被害果实会发黄、硬化、不膨大、不成熟，严重影响产量和品质。蓟马喜欢温暖、干旱的天气，其适宜温度为23～28℃；当湿度过大，达到100%，温度达31℃时，若虫不能存活。若虫在叶背取食，到高龄末期停止取食，落入表土化蛹。平均2周至几周即可繁育一代，一年内可繁殖多代。江苏在秋冬的11～12月和翌年3～5月草莓易发生2次危害高峰。

防治措施：①农业防治。清除田间杂草和老残叶，集中烧毁或深埋，减少若虫和成虫。加强肥水管理，促使植株生长健壮，增强抗体，减轻危害。②物理防治。利用蓟马趋蓝色的习性，田间设置蓝色黏板诱杀成虫，黏板高度与植株持平。③化学防治。根据蓟马昼伏夜出的特性，建议在下午用药；根据蓟马隐蔽性强的特点，药剂需要选择内吸性的或者添加有机硅助剂，而且尽量选择持效期长的药剂；提前预防，药剂最好同时喷在植株中下部和地面，因为这些地方是蓟马若虫的栖息地，同时注意药剂熏棚和叶面喷雾相结合。

76 螨类发生特点有哪些及如何防治？

当前危害草莓的螨类主要有朱砂叶螨（俗称红蜘蛛）和二斑叶螨（俗称白蜘蛛），主要以成螨、若螨和幼螨在草莓叶片背面吸食植株汁液。在温暖、干旱的条件下，螨类危害最为活跃。发生初期密度低，受灾症状不明显，叶片表面有白色小斑点，随着密度增加，成螨和若螨通常会在田间"热点"处形成群体危害，叶片叶绿素受到破坏，表现黄化、变小，并从植株下部逐渐移动到上部，当侵染严重时，叶片会变成青铜色，在背部出现明显的网织物。

朱砂叶螨和二斑叶螨均以成螨在草莓根际周围土壤缝隙或杂草上越冬，早春气温在10℃以上开始活动，高温干燥的气候利于其发生。一年可发生12～20代，与蓟马一样有2次高峰期，可以与蓟马同时防治。

防治措施：①及时清除草莓田间周围杂草，消灭越冬虫源，必要时对环境虫源进行药剂防治，以压低虫源基数。②发生初期合理准确选择杀螨剂，并彻底进行防治。杀螨剂分为杀卵剂、杀幼螨剂、杀若螨剂和杀成螨剂4种，轮换使用不同有效成分的药剂，喷洒时保证药剂充分沾到叶片背面，增加防治效果，但要避免连续使用同类药剂而产生抗性。③当螨害较重时，成螨、若螨、幼螨和卵同时存在，建议5～7天为间隔期，连续防治2～3次。一般可使用的药剂有0.6%阿维菌素乳油3000～4000倍、15%哒螨灵乳油1500～2000倍、50%溴螨酯乳油1000～2000倍等，对叶片特别是叶片背面进行均匀喷雾。注意有机磷、氨基甲酸酯、除虫菊酯等杀虫剂的使用可能会导致螨类害虫的暴发。④近年来，可利用天敌与药剂协同进行防治，如使用加州新小绥螨、智利小植绥螨等捕食螨。

77 蚜虫发生特点有哪些及如何防治？

危害草莓的蚜虫多为桃蚜、棉蚜等，几乎每年3～6月都有发生。蚜虫主要在叶、叶柄、花序和幼蕾等部位群聚刺吸汁液，造成嫩叶皱缩卷曲，阻碍植株生长和果实发育，同时蚜虫排出的蜜露附着果面，产生煤污状使果实失去商品性，从而降低果实的产量和品质。另外，蚜虫危害造成植株产生伤口，容易诱发灰霉病。

防治措施：①保护蚜虫天敌，利用食蚜蝇、草蛉、瓢虫和寄生蜂等控制蚜虫危害；②加强监控，利用蚜虫的趋黄性，在田间摆设带有黏附剂的黄色面板诱杀成虫；③考虑蚜虫喜好潮湿，控制氮肥的施用，及时摘除下部老叶，提高植株周围通风度；④注意早期防除，选用低毒、高效杀虫剂如噻虫胺、啶虫脒、吡蚜酮等进行防治。

78 夜蛾类害虫发生特点有哪些及如何防治？

危害草莓的夜蛾类害虫主要有甜菜夜蛾和斜纹夜蛾。多发生在苗期和覆膜前期，危害新叶和花朵，尤其是经济价值较高的顶花。夜蛾类害虫一般一年经历5代，属于高温性害虫，没有休眠，常产卵于周边作物的叶背上，从卵孵化到 2 龄的幼虫聚集于叶片背面成群取食叶片，3 龄以后躲在叶片背面和土块之间分散危害，8 月前后是危害草莓苗的高峰期。另外，夜蛾类害虫对黑光灯和糖蜜有很强的趋性，喜欢昼伏夜出，利用药剂防治较难，主要采用物理防治方法为主、化学防治方法为辅。

防治措施：①育苗棚建议使用防虫网阻止成虫和幼虫流入。②利用夜蛾对黑光灯和糖蜜的趋性，采用糖醋或灯光诱蛾，减少虫口基数。③使用性信息素防治方法，在性诱剂诱捕器中放入水和石油安装于棚内。④在卵孵化至 1 龄期采用 BT 杀虫剂，注意勿与多菌灵、甲基托布津等混用，影响防治效果；在卵期喷施阿维菌素、灭幼脲 3 号和氟铃脲等，在幼虫出现时，可喷施氯氰菊酯、氰戊菊酯等菊酯类农药或敌百虫、敌敌畏等有机磷农药，使用中要注意用药间隔期和安全期。

(79) 何为草莓病毒病及如何防治？

草莓病毒病能使草莓果小、畸形、品质差、叶片皱缩、生长缓慢、产量大减，一般认为这些症状为草莓品种退化现象。据不完全统计，世界上已知草莓病毒的种类多达 62 种。中国在病毒携带植株中检测出草莓斑驳病毒、草莓轻型黄边病毒、草莓镶脉病毒、草莓皱缩病毒和草莓潜隐环斑病毒等 5 种，比起单独感染，多种病毒的重复感染较为多见。为保证草莓品种的优良性状，草莓主要是用匍匐茎进行无性繁殖，而多年无性繁殖造成病毒在草莓体内积累且世代相传，使草莓病毒危害越加严重。

草莓植株本身对病毒没有免疫能力，目前也没有特效药剂或方法治愈病毒病，实现草莓无病毒植株是先选拔健康植株，但由于缺乏准确性，而后发展为培育脱毒苗来防治病毒病的传播与发生。无病毒苗经过大约 3 年可能会再次感染，所以一般建议 3 年内更换种苗。

（1）**草莓斑驳病毒**。单独侵染草莓时，一般不表现任何症状，在强毒株系侵染时表现植株矮化、叶片变小、扭曲、呈丛簇状、叶脉透明且脉序混乱。与镶脉病毒复合侵染也不表现任何症状，但植株生长减弱、产量下降；与皱缩病毒复合侵染产生皱缩症状；与轻型黄边病毒复合侵染则产生褪绿或黄边、植株矮化、浆果少和果小等综合症状。

（2）**草莓轻型黄边病毒**。单独侵染草莓时，无明显症状，仅致病株轻微矮化。与其他病毒复合侵染，引起黄化或叶缘失绿，植株生长和产量严重减小。

（3）**草莓镶脉病毒**。单独侵染草莓时，无明显症状，但对草莓生长和结果有影响。与斑驳病毒或轻型黄边病毒复合侵染后，病株叶片皱缩、扭曲、植株极度矮化。

（4）**草莓皱缩病毒**。症状因病毒株系及寄主种类不同而异。幼叶生长不对称，扭曲及皱缩，小叶黄化；叶片畸形，产生褪绿斑，沿叶脉出现小的、不规则状褪绿斑及坏死斑，叶脉褪绿及透明；叶柄皱缩，叶片变小，植株矮化。叶柄上的斑纹是皱缩病毒的重要诊断症状，也是区分皱缩病毒、斑驳病毒与轻型黄边病毒叶部症状的主要标志。

（5）**草莓潜隐环斑病毒**。单独侵染草莓时，一般不表现任何症状，在一些感病草莓品种上引起叶片斑驳，严重时叶脉间褪绿和坏死，导致产量和品质下降。

 草莓畸形果发生的原因及如何防止？

草莓畸形果指发育不正常果面出现凹凸不平的果实，该现象的发生是因部分种子未能发育，进而造成其周围果面凹陷。草莓畸形果发生的直接原因是授粉受精不良而造成部分种子未能发育。导致授粉受精不良的因素主要有：①温度、湿度。花期遇高温、低温都可引起花粉萌发不良而影响受精，花期棚内湿度高会导致花药开裂受阻，散粉困难，不易授粉。②冬季阴雨雾霾天气多，光照不足，会直接导致花粉发育不良，影响授粉。③花期喷药。花期喷施农药增加了湿度，而且对花粉有伤害，主要表现抑制花粉萌发，从而影响授粉。④营养调控不合理。氮素过多，花芽分化异常，缺乏硼导致花粉发育不良。

应对措施：调控好棚内温度和湿度，从而有利于植株生长结果，在花期白天温度最高不超过30℃，夜晚最低不低于8℃，湿度控制在60%以下；花期严禁喷药；阴雨天最好采取补光措施；合理施用肥料，底肥增施有机肥；花芽分化期少施氮肥；棚内放养蜜蜂。

⑧1 设施草莓病虫害的综合防控技术有哪些？

病虫害的总体防控技术思路是坚持"预防为主、综合防治"的植保方针，强化草莓生产过程中对炭疽病、白粉病、灰霉病、蓟马和螨类等病虫害的监测预警，根据草莓病虫害发生规律与防控技术，综合运用种苗检疫、农业防治、物理防治、生物防治及化学防治等技术，营造有利于草莓植株生长、不利于病虫害发生的生态环境，达到对病虫害的有效治理。

（1）**种苗检疫技术**。种苗检疫是通过法律、行政和技术的手段，防止危险性植物病、虫、杂草和其他有害生物的人为传播，保障农林业的安全，促进贸易发展的措施。随着南繁北育、高海拔高纬度育苗的发展，加速了草莓异地育苗的进程，也就很容易带来病虫害的传播。因此，草莓苗应通过检疫，方可进行异地流通。

（2）**农业防治技术**。①选择抗病品种。选择优质、高产、品质好的抗病品种，如宁玉、宁丰等。②优化壮苗技术。选择健壮、无病虫的种苗进行定植，有条件可采用脱毒种苗。③合理密度定植。根据品种繁殖、姿态等特性，采用双行三角形定植，弓背朝沟，注意"深不埋心、浅不露根"。④加强园区管理。保持棚内外清洁卫生，及时清理病株病叶、残花烂果，带出棚外集中销毁处理或深埋，减少病虫来源，防止传播。⑤平衡肥水施用。在基肥施足的条件下，遵循少量多次的肥水原则，以施复合肥为主，配合施用含微量元素的叶面肥。注意在果实膨大期需要较多水分，应保持土壤80%左右持水量。⑥通风控温除湿。通过滴管进行补水和追肥，避免漫灌而造成垄沟湿度过大。同时采用无滴农膜或消雾膜扣棚以降低棚内湿度。在大棚内放置温湿度计，观察温度和湿度的变化。当棚内温湿度过高时，要及时开棚通风控温除湿。

（3）**物理防治技术**。①色板诱杀。利用蚜虫趋黄色、蓟马趋蓝色的习性，在草莓植株上方设置黄蓝相间的黏板，以诱杀蚜虫、蓟马等害虫。②性诱剂诱杀。通过人工合成雌蛾在性成熟后释放的一种性信息素的化学成分，吸引寻求交配的雄蛾，将其诱杀在诱集器中，使其不能有效繁殖后代，降低夜蛾类害虫的种群数量。注意诱集器放置在大棚上风口，距离地面1米左右，每隔30天更换1次诱芯。③防虫网阻隔。在棚室通风口和门口安装防虫网，以40目或

60目为宜，防止粉虱、蓟马等害虫迁入棚内。④UV–B灯。利用UV–B灯对植物进行照射，诱导提高植物自身抗性，抑制病原菌和害虫的生长发育，可以有效防控白粉病、灰霉病、蚜虫、螨类等草莓常见的病虫害。⑤土壤修复。草莓采收结束后，利用夏季太阳能进行土壤高温消毒，或采用水旱轮作修复土壤，以减少土传病害。

（4）生物防治技术。①以虫治虫。在蚜虫发生初期，释放瓢虫、寄生蜂、草蛉等蚜虫天敌进行防治。②以螨治螨。在螨虫发生初期，在草莓叶片上撒施加州新小绥螨、智利小植绥螨、胡瓜钝绥螨等捕食螨避免或减轻二斑叶螨等螨类危害。③以菌治菌。在草莓栽培垄面添加发酵黄豆等作为培养基，然后接种枯草芽孢杆菌或木霉菌或EM菌，菌激活后，能够迅速大量繁殖，与根腐等病菌竞争营养和生存空间，阻止土传病原菌的侵染和危害，提高植株的免疫力，增强抗病能力，促进作物生长。④以菌治螨、治虫。使用白僵菌、绿僵菌防治蚜虫、蓟马、螨类、蛴螬等。⑤生物农药使用。针对不同病虫害合理选用生物农药。例如，黄萎病、枯萎病可选用枯草芽孢杆菌、木霉菌、寡雄霉素等浸根防治；炭疽病、白粉病、灰霉病可选用枯草芽孢杆菌、木霉菌、多抗霉素、武夷菌素等防治；蚜虫、蓟马可选用苦参碱等防治；螨类可选用藜芦碱、苦参碱、矿物油等防治；夜蛾类害虫可选用多杀霉素、苏云金杆菌等在低龄幼虫期防治；地下害虫可选用白僵菌、苦参碱拌土沟施防治等。

（5）化学防治技术。化学防治是坚持预防为主，在综合运用种苗检疫、农业防治、物理防治、生物防治等技术的基础上，抓住关键时期，科学合理用药。在开展草莓病虫害化学防治时，选择高效低毒低残留药剂，掌握防治适期，对症用药，交替用药，严格按照农药标签要求控制安全间隔期、施药量和施药次数，重点抓好苗期、定植、盖膜前期的病虫害化学防控。

82　草莓生产过程中的草害如何治理？

在草莓生产过程中，无论是繁苗圃，还是产果地块的沟垄，杂草一直相伴生长（图8–10）。常见的杂草有马齿苋、苍耳、绿藜、田旋花、马唐、千金子、稗草、狗尾草等单子叶和双子叶杂草，不仅种类多、繁殖快，与草莓争光、争肥、争水，还易诱发病虫害，危害草莓健康生长。同时，草莓植株矮小，栽植密度大，沟垄和苗圃除草困难，多数依靠人工除草，不仅劳动强度大，还费时费工，尤其是南方杂草表现更为严重。目前，江苏草莓的草害集中在育苗期和鲜果生产的定植至覆膜期。根据杂草的种类和发生特点，采取如下综合治理措施：①耕翻土壤。繁育苗圃冬前深翻冻伐，产果田块起垄前高温消毒，能够有效减少或杀死杂草。②轮作换茬。苗圃选择水田，每年更换。产果田块建议选择水旱轮作或套作玉米还田等方法，能够有效改变杂草群落，减缓恶性杂草的发生。③覆膜压草。春季种苗定植后，子苗大量生根前，苗圃可部分覆盖黑色地膜抑制杂草生长。而在鲜果生产中，草莓显蕾期及时覆盖黑色地膜抑制杂草。④人工除草。草莓生长周期中，人工除草往往与中耕松土保墒一起进行。其中有两个时期离不开人工除草，分别是种苗繁育中后期和鲜果生产的覆盖地膜前期，这两个时期气温较高，降雨较多，草莓和杂草都进入旺盛成长期，又与草莓植株相互交叉，难以使用其他方式除草。⑤化学除草。化学除草就是运用除草剂防治杂草，具有高效、快捷、成本低、省工等优点，已经成为草莓栽培中的一项常规性技术办法，但许多除草剂都会对草莓产生损害，因此使用时应慎重。

露地　　　　　　　　　　　　　　　大棚

图8-10　草莓草害

83　**草莓生长过程中化学除草应注意哪些问题？**

（1）**了解除草剂的性质。** 除草剂按作用性质分为灭生性和选择性除草剂；按作用方式分为内吸性和触杀性除草剂；按施药对象分为土壤处理剂和茎叶处理剂；按施药时间分为播前处理剂、播后苗前处理剂和苗后处理剂。

（2）**掌握化学除草的时期。**主要是苗圃、产果沟垄定植前期及子苗繁育早期。苗圃、产果沟垄定植前期一般选择内吸性的土壤处理剂，目的是通过杂草的幼芽吸收、传导全株起土壤封闭作用，而子苗繁育早期，子苗的抽生量少，密度低，内吸性和触杀性除草剂可以混合应用定向喷雾，注意配备防护罩避免除草剂飘移产生药害（图8-11）。

图8-11　草莓除草剂药害

（3）**安全施用化学除草。**注意施药的浓度、方法、次数、残效期及天气状况，严格按照施用说明进行操作，提高防除效果。

（4）**选择常用的除草剂。**氟乐灵、丁草胺、二甲戊乐灵、草萘胺、精异丙甲草胺等作为芽前土壤处理一年生禾本科和阔叶杂草；而甜菜宁、甜菜安、2,4-D等在草莓定植前后均可使用，以茎叶喷雾处理阔叶杂草。

84　草莓登记农药有哪些？

截至2020年8月，我国在草莓作物上已登记允许使用的农药共89种（其中单剂68种、复配剂21种），其中杀菌剂74种、杀虫剂9种、杀线虫剂2种、除草剂1种、植物生长调节剂3种；根据防治对象（病虫），可分为炭疽病8种、灰霉病25种、白粉病40种、枯萎病1种、螨虫5种、蚜虫3种、夜蛾1种、线虫2种。

表 8-1　我国草莓作物登记允许使用的农药目录

农药名称	农药类别	剂型	总含量	防治对象	用药量	登记证持有人
24-表芸苔素内酯	植物生长调节剂	可溶液剂	0.01%	调节生长	3300~5000倍	江苏万农生物科技有限公司
24-表芸苔素内酯	植物生长调节剂	水剂	0.01%	调节生长	3000~5000倍	浙江世佳科技股份有限公司
噻苯隆	植物生长调节剂	可溶液剂	0.002	调节生长	15~25毫升/亩	江苏辉丰生物农业股份有限公司
甜菜安·宁	除草剂	乳油	160克/升	一年生阔叶杂草	300~400毫升/亩	永农生物科学有限公司
棉隆	杀线虫剂	微粒剂	98%	线虫	30~40克/米²	江苏省南通施壮化工有限公司
依维菌素	杀虫剂	乳油	0.50%	红蜘蛛	500~1000倍液	顺毅股份有限公司
吡虫啉	杀虫剂	可湿性粉剂	10%	蚜虫	20~25克/亩	浙江泰达作物科技有限公司
甲氨基阿维菌素苯甲酸盐	杀虫剂	水分散粒剂	5%	斜纹夜蛾	3~4克/亩	永农生物科学有限公司
藜芦碱	杀虫剂	可溶液剂	0.50%	红蜘蛛	120~140克/亩	成都新朝阳作物科学股份有限公司
联苯肼酯	杀虫剂	悬浮剂	43%	红蜘蛛	20~30毫升/亩	青岛中达农业科学科技有限公司
联苯肼酯	杀虫剂	悬浮剂	0.43	红蜘蛛	15~20毫升/亩	上海悦联化工有限公司
联苯肼酯	杀虫剂	悬浮剂	43%	二斑叶螨	10~25毫升/亩	爱利思达生物化学品有限公司
硫酰氟	杀虫剂	气体制剂	99%	根结线虫	50~75克/米²	龙口市化工
苦参碱	杀虫剂	水剂	2%	蚜虫	30~40毫升/亩	河北瑞宝德生物化学有限公司
苦参碱	杀虫剂	可溶液剂	1.50%	蚜虫	40~46毫升/亩	成都新朝阳作物科学股份有限公司
β-羽扇豆球蛋白多肽	杀菌剂	可溶液剂	20%	灰霉病	160~220毫升/亩	葡萄牙塞埃夫有限责任公司
苯甲·嘧菌酯	杀菌剂	悬浮剂	30%	炭疽病	50~60毫升/亩	上海惠光环境科技有限公司

（续）

农药名称	农药类别	剂型	总含量	防治对象	用药量	登记证持有人
苯甲·嘧菌酯	杀菌剂	悬浮剂	325克/升	炭疽病	40～50毫升/亩	兴农药业(中国)有限公司
苯甲·嘧菌酯	杀菌剂	悬浮剂	30%	白粉病	1000～1500倍液	美国世科姆公司
苯醚甲环唑	杀菌剂	水分散粒剂	10%	炭疽病	56～68克/亩	一帆生物科技集团有限公司
苯醚甲环唑	杀菌剂	水分散粒剂	10%	炭疽病	60～80克/亩	浙西拜克生物科技有限公司
苯醚甲环唑	杀菌剂	乳油	250克/升	炭疽病	1500～2000倍液	江苏本生化有限公司
吡唑醚菌酯	杀菌剂	水分散粒剂	20%	白粉病	38～50克/亩	浙江世佳科技股份有限公司
吡唑醚菌酯	杀菌剂	水分散粒剂	50%	灰霉病	15～25克/亩	陕西恒田生物农业有限公司
啶酰·嘧菌酯	杀菌剂	悬浮剂	45%	灰霉病	40～60毫升/亩	湖南农大海大农化有限公司
啶酰菌胺	杀菌剂	水分散粒剂	50%	灰霉病	30～45克/亩	浙江宇龙生物科技股份有限公司
啶酰菌胺	杀菌剂	水分散粒剂	50%	灰霉病	30～45克/亩	浙江省杭州宇龙化工有限公司
啶酰菌胺	杀菌剂	水分散粒剂	50%	灰霉病	500～1000倍液	江阴苏利化学股份有限公司
啶酰菌胺	杀菌剂	水分散粒剂	50%	灰霉病	30～45克/亩	巴斯夫欧洲公司
多抗霉素	杀菌剂	可溶粒剂	16%	灰霉病	20～25克/亩	兴农药业(中国)有限公司
粉唑·嘧菌酯	杀菌剂	悬浮剂	0.4	白粉病	20～30毫升/亩	上海悦联化工有限公司
粉唑醇	杀菌剂	悬浮剂	0.25	白粉病	20～40克/亩	浙江世佳科技股份有限公司
粉唑醇	杀菌剂	悬浮剂	12.50%	白粉病	30～60毫升/亩	兴农药业(中国)有限公司
氟吡菌酰胺·嘧霉胺	杀菌剂	悬浮剂	500克/升	灰霉病	60～80毫升/亩	拜耳股份有限公司

（续）

农药名称	农药类别	剂型	总含量	防治对象	用药量	登记证持有人
氟菌·肟菌酯	杀菌剂	悬浮剂	43%	白粉病、灰霉病	15～30毫升/亩、20～30毫升/亩	拜耳股份公司
氟菌唑	杀菌剂	可湿性粉剂	30%	白粉病	15～20克/亩	永农生物科学有限公司
氟菌唑	杀菌剂	可湿性粉剂	30%	白粉病	15～30克/亩	日本曹达株式会社
互生叶白千层提取物	杀菌剂	乳油	9%	白粉病	67～100毫升/亩	斯托克顿（以色列）有限公司
克菌丹	杀菌剂	水分散粒剂	80%	灰霉病	600～800倍液	安徽禾健生物科技有限公司
克菌丹	杀菌剂	水分散粒剂	80%	灰霉病	600～1000倍液	山东邹平农药有限公司
克菌丹	杀菌剂	水分散粒剂	0.8	灰霉病	—	天津市华宇农药有限公司
克菌丹	杀菌剂	水分散粒剂	80%	灰霉病	600～1000倍液	河北冠龙农化有限公司
克菌丹	杀菌剂	可湿性粉剂	50%	灰霉病	400～600倍液	安道麦马克西姆有限公司
枯草芽孢杆菌	杀菌剂	可湿性粉剂	100亿芽孢/克	白粉病	300～600倍液	山东戴盟特生物科技有限公司
枯草芽孢杆菌	杀菌剂	可湿性粉剂	100亿芽孢/克	白粉病	120～150克/亩	康欣生物科技有限公司
枯草芽孢杆菌	杀菌剂	可湿性粉剂	2000亿CFU/克	白粉病、灰霉病	20～30克/亩	浙江省桐庐汇丰生物科技有限公司
枯草芽孢杆菌	杀菌剂	可湿性粉剂	100亿CFU/克	白粉病	60～90克/亩	美国拜沃股份有限公司
枯草芽孢杆菌	杀菌剂	微囊粒剂	1亿活芽孢/克	白粉病	90～150克/亩	成都特普生物科技股份有限公司
枯草芽孢杆菌	杀菌剂	可湿性粉剂	1000亿个/克	灰霉病	40～60克/亩	山东中诺药业有限公司
枯草芽孢杆菌	杀菌剂	可湿性粉剂	1000亿个/克	灰霉病	40～60克/亩	山东玥鸣生物科技有限公司
枯草芽孢杆菌	杀菌剂	可湿性粉剂	1000亿活芽孢/克	灰霉病	40～60克/亩	江西威力特生物科技有限公司

（续）

农药名称	农药类别	剂型	总含量	防治对象	用药量	登记证持有人
枯草芽孢杆菌	杀菌剂	可湿性粉剂	10亿孢子/克	白粉病	500～1000倍液	台湾百泰生物科技股份有限公司
枯草芽孢杆菌	杀菌剂	可湿性粉剂	1000亿芽孢/克	白粉病	20～40克/亩	德强生物股份有限公司
枯草芽孢杆菌	杀菌剂	可湿性粉剂	1000亿孢子/克	灰霉病	40～60克/亩	湖北天惠生物科技有限公司
醚菌·啶酰菌	杀菌剂	悬浮剂	300克/升	白粉病	37.5～50毫升/亩	京博农化科技有限公司
醚菌·啶酰菌	杀菌剂	悬浮剂	300克/升	白粉病	25～50毫升/亩	巴斯夫植物保护（江苏）有限公司
醚菌·啶酰菌	杀菌剂	悬浮剂	300克/升	白粉病	25～50毫升/亩	巴斯夫欧洲公司
醚菌酯	杀菌剂	可湿性粉剂	30%	白粉病	30～45克/亩	浙江钱江生物化学股份有限公司
醚菌酯	杀菌剂	可湿性粉剂	50%	白粉病	16～20克/亩	华北制药集团爱诺有限公司
醚菌酯	杀菌剂	可湿性粉剂	30%	白粉病	30～40克/亩	美丰农化有限公司
醚菌酯	杀菌剂	可湿性粉剂	30%	白粉病	15～40克/亩	京博农化科技有限公司
醚菌酯	杀菌剂	水分散粒剂	50%	白粉病	3000～5000倍液	巴斯夫欧洲公司
嘧菌酯	杀菌剂	悬浮剂	25%	炭疽病	40～60毫升/亩	浙江天丰生物科学有限公司
嘧霉胺	杀菌剂	悬浮剂	400克/升	灰霉病	45～60毫升/亩	永农生物科学有限公司
嘧霉胺	杀菌剂	可湿性粉剂	25%	灰霉病	120～150克/亩	浙江禾本科技股份有限公司
木霉菌	杀菌剂	可湿性粉剂	2亿孢子/克	枯萎病、灰霉病	330～500倍液，100～300克/亩	上海万力华生物科技有限公司
蛇床子素	杀菌剂	可溶液剂	0.004	白粉病	100～125毫升/亩	成都新朝阳作物科学股份有限公司

（续）

农药名称	农药类别	剂型	总含量	防治对象	用药量	登记证持有人
四氟·肟菌酯	杀菌剂	水乳剂	20%	白粉病	13～16毫升/亩	江西省众和化工有限公司
四氟·醚菌酯	杀菌剂	悬乳剂	20%	白粉病	40～50毫升/亩	山东省青岛瀚生生物科技股份有限公司
四氟醚唑	杀菌剂	水乳剂	0.25	白粉病	10～12克/亩	陕西汤普森生物科技有限公司
四氟醚唑	杀菌剂	水乳剂	0.04	白粉病	50～80克/亩	陕西华戎凯威生物有限公司
四氟醚唑	杀菌剂	水乳剂	0.04	白粉病	50～80毫升/亩	陕西上格之路生物科学有限公司
四氟醚唑	杀菌剂	水乳剂	4%	白粉病	50～80毫升/亩	陕西韦尔奇作物保护有限公司
四氟醚唑	杀菌剂	水乳剂	12.50%	白粉病	21～27毫升/亩	浙江宇龙生物科技股份有限公司
四氟醚唑	杀菌剂	水乳剂	12.50%	白粉病	15～25毫升/亩	意大利意赛格公司
四氟醚唑	杀菌剂	水乳剂	12.50%	白粉病	21～27毫升/亩	浙江省杭州宇龙化工有限公司
四氟醚唑	杀菌剂	水乳剂	4%	白粉病	50～83克/亩	意大利意赛格公司
戊菌唑	杀菌剂	水乳剂	0.25	白粉病	7～10毫升/亩	浙江省杭州宇龙化工有限公司
戊唑醇	杀菌剂	悬浮剂	430克/升	炭疽病	10～16毫升/亩	上虞颖泰精细化工有限公司
戊唑醇	杀菌剂	水乳剂	25%	炭疽病	20～28毫升/亩	浙江新安化工集团股份有限公司
乙嘧酚	杀菌剂	悬浮剂	0.25	白粉病	80～100毫升/亩	一帆生物科技集团有限公司
抑霉·咯菌腈	杀菌剂	悬浮剂	25%	灰霉病	1000～1200倍液	四川海润作物科学技术有限公司
抑霉·咯菌腈	杀菌剂	悬浮剂	25%	灰霉病	1200～1500倍液	一帆生物科技集团有限公司
唑醚·啶酰菌	杀菌剂	悬浮剂	38%	白粉病	30～40毫升/亩	浙江禾本科技股份有限公司

（续）

农药名称	农药类别	剂型	总含量	防治对象	用药量	登记证持有人
唑醚·啶酰菌	杀菌剂	水分散粒剂	38%	灰霉病	60～80克/亩	浙江中山化工集团股份有限公司
唑醚·啶酰菌	杀菌剂	水分散粒剂	0.38	灰霉病	40～50克/亩	上海悦联化工有限公司
唑醚·啶酰菌	杀菌剂	水分散粒剂	0.38	灰霉病	40～60克/亩	巴斯夫欧洲公司
唑醚·氟酰胺	杀菌剂	悬浮剂	0.424	白粉病、灰霉病	10～20毫升/亩、20～30毫升/亩	巴斯夫植物保护（江苏）有限公司
唑醚·氟酰胺	杀菌剂	悬浮剂	0.424	白粉病、灰霉病	10～20毫升/亩、20～31毫升/亩	巴斯夫欧洲公司

第九章

草莓采收、保鲜、贮藏技术

 85 草莓采收前坐果期有哪些注意要点？

草莓的果实类型属于聚合瘦果，果实表面密布的种子是果实膨大期生长素的主要供体。因而，保障草莓果实表面种子的正常发育，对于保证草莓采收前期坐果端正和提高果实商品性方面起到尤为重要的作用。

草莓种子，即瘦果，是集生于花托上的雌蕊（子房）发育而来的，通常在草莓的促成栽培生产过程中，多利用蜜蜂传粉，同时在晴朗的天气条件下辅以必要的大棚通风等措施，以保障草莓花的授粉受精。此外，保证草莓果实形成器官——花托的正常膨大发育也是草莓坐果端正的重要因素。因而，花期尤其要避免喷施农药，一方面是保证蜜蜂的正常传粉工作，另一方面是避免农药对花托尤其是雌蕊的化学药害，使其正常发育。在走访某草莓生产基地时，发现农户因在花期喷施了某腐殖酸叶面肥，而导致多数草莓果实出现"青头"现象。究其原因发现该农户施用的腐殖酸叶面肥中含有过量的植物生长调节剂赤霉素类物质，赤霉素可以导致花托过分伸长，最终导致花托顶端的雌蕊无法完成授粉受精，果实顶端种子败育，使得草莓果顶部分无法正常膨大，从而导致草莓果实"青头"现象的发生。

我国长江流域，尤以江苏省为例，冬季常伴有长时间低温寡照，这种极端的天气条件对于草莓采收前期的果实发育尤为不利，集中体现在：①因棚温过低，大棚温室内授粉蜜蜂不出蜂巢活动，加之草莓生产棚内低温高湿，非常不利于草莓花药传粉，极易出现畸果形；②由于长时间寡照，草莓生产大棚或温室内温度难以上升，也容易造成草莓授粉受精后的花托发育异常，导致畸形果的发生；③草莓植株正常光合作用所需的光照原料无法得到满足，容易造成草莓植株处于"饥饿状态"。因而，需要采用行之有效的补光补温措施，目前建议使用高瓦数的高光钠灯，在补偿草莓植株生长发育所需光照的同时，也有效地抬升了棚内的温度，切实保障了草莓坐果和果实的正常膨大发育。

 如何判断合适的草莓采收时期？

草莓的成熟一般包括生理成熟度和园艺成熟度两个含义。草莓生理成熟度指草莓果实本身处于的生理成熟状态，包括硬度、色泽、香气等成熟指标均达到顶峰，称为草莓完成了生理成熟。然而在实际草莓生产中，多使用的是园艺成熟度。草莓园艺成熟度指的是草莓果实达到了市场销售所需的成熟度，如草莓果实在达到八九分熟时，硬度较好，同时果实口感尚佳，能够满足绝大多数消费者的需求，此时称草莓果实达到了园艺成熟度。一般以果实着色为判断指标，即果实完成了80%～90%着色时，即可采收上市。此处特别强调，果实着色规律是自果实顶端开始向果实萼片部分逐渐着色，因而草莓果实顶部也是最先完成充分成熟，采收时要尤其注意果顶部分的保护。另外，草莓的成熟速度与温度也密切相关，以江苏或者长三角为例，一般在草莓刚上市的冬季，气温偏低，此时大棚内草莓自开花（盛花）到园艺成熟度进程较慢，一般需要40天左右；而春季2月后期，由于气温的回升，大棚内草莓一般只需要约30天即自开花到园艺成熟度，但由于温度和养分等原因，此季节大棚内的草莓糖酸比下降，口感不如冬季果实生育期长的草莓。不同的草莓品种，其果实成熟所需的果实生育期不尽相同，这里的举例是以目前市场上的主栽品种红颊为例。

草莓采收过程中的注意事项有哪些？

草莓采收最好在晴天进行，早上采收应在露水干后再采，气温高时避免在中午采收。草莓采收过程中需要注意采收者的裤腿和采摘工具的洁净，如无灰霉病菌、白粉病菌等真菌污染。采收者在完成一个棚的采收时，建议清洗手部和采摘盛放果实的工具，尤其在春季，是草莓白粉病的高发季，要注意采收者的裤腿、工作服上没有白粉病菌的沾染，建议完成一个独立生产棚或者温室的草莓采收后，用消毒酒精喷雾处理采收者的裤腿、工作服等，以防白粉病菌的互相传染。

草莓果实进入成熟后期，尤其要注意控水控肥，保证果实糖分的充分积累，一般在果实采收前的1周时间内不建议浇水施肥。同时，出于食品安全的角度，草莓果实采收前的2周时间内不得使用任何化学农药。草莓生产棚内的多数果实进入成熟阶段时，注意查看天气预报，如进入低温寡照前尽量完成采收，以免影响果实品质。

草莓果实能否实现机械化采摘？

草莓花序属于聚伞花序，其上着生的果实分为一级果（顶果）、二级果、三级果等，不同等级的果实由于发育阶段的早晚不同及养分的供应不均，常常是顶果已经充分成熟，其后的二级果尚处于转色期、三级果处于膨大期，即草莓同一花序上的草莓果实成熟度不一致性较高，以及草莓果实较软使其很难实行机械化采摘。但是当前我国乃至世界农业从业人口的老龄化和人工成本节节攀升，使得研发草莓机械化采摘设备迫在眉睫。目前，部分欧美发达国家如英国、美国、德国等已经有部分应用于草莓采摘的智能化小机器人得以研制，但是由于如上所述的草莓果实成熟度不一致、栽培条件差异大等因素还很难实现商业化。未来草莓的机械采摘可首先通过半自动化来逐步实现，即通过人机配合省时省力地完成草莓采摘。同时，适宜机械化采摘的配套的草莓品种研发及配套的草莓硬件设施研发是推动草莓实现机械化采摘的有力保障。

89 如何做到合理的草莓采收分级？

如本章的88问中所述，草莓聚伞花序特征导致草莓同一花序上的不同级果实成熟度差异较大，同时由于养分供应不均的原因，常常是同一花序上的顶果最大，往后每级果实大小依次递减，且即便同一生产棚内的同一品种，处于不同生理状态的植株，其上的同级果实大小也不尽相同。因而，对草莓采收实行果实分级包装是提高果品均一性、提高商业价值的有效途径。仍以我国当前主栽品种红颊为例，一般大果重约25克或以上，中果重20～25克，重量在20克以下者一般作为小果出售，销售价格依据大中小果依次递减。

90　草莓鲜果如何做到高效保鲜？

草莓果实外果皮极薄，几乎没有保护作用，且质地较软、保质期短，而常规运输时间长，保鲜效果差，极易造成果实损坏。据了解，利用常规运输极易造成草莓腐坏，不仅果农损失重，最后消费者承担的草莓价格也直线上升。随着制冷技术和我国物流业的发展，冷链物流体系的建设日益完善，冷链运输系统开始逐渐运用到水果运输中，也为草莓产业带来利好。草莓冷链物流指让草莓的贮藏运输、销售，到消费前等各个环节都处于规定的低温（维持在1.5～4.0℃最佳）环境下，从而保障草莓质量，降低草莓腐损率。针对草莓在城市内的短距离运输，也可考虑冰袋或干冰等简单地附于草莓鲜果包装四周，起到降温增湿的作用，进而降低草莓果实代谢，一定程度上也起到了短距离运输过程中的高效保鲜。如今草莓产业已开启从量到质的转变，冷链物流也逐步成了高品质草莓的有力保障。

我国信息技术的日新月异使得冷链物流管理体系不断完善，冷链物流已经可以实时记录运输中的温度环境、制冷系统状况、车辆运输地点等，实现运输透明化和标准化。特别是我国即将开启5G时代，加载了信息技术的冷链物流势必将会更上一层楼。

草莓属浆果，含有大量的水分、表皮很薄、缺乏相应的保护组织，易受到机械损伤和病原菌侵蚀，所以很容易变质，且不易储藏。草莓在抵达运输目的地后，由于销售滞缓等原因，需要较长时间保鲜时，如条件允许可优先考虑气调贮藏。一般认为，草莓贮藏的气调条件为氮气最多，占比91%～94%，氧气约3%，二氧化碳约6%，温度0～1℃，相对湿度85%～95%，在此条件下可保鲜2个月以上。

91 草莓贮藏过程中可以使用保鲜剂/催熟剂吗？

由于草莓果实外果皮极薄，很容易被外源病原菌侵害，因而采用化学保鲜技术对草莓进行保鲜，是延缓果实衰老与变质的有效方法。常用的化学保鲜技术主要有涂膜保鲜和外施化学保鲜剂两种方法。

涂膜保鲜：是用涂料涂抹到草莓的表面，在其表面形成一层薄膜，该薄膜起到阻止气体交换、降低果实水分损失、抑制果实呼吸速率和减少草莓与病原微生物接触的作用。人们对绿色食品、安全食品的追求，使得绿色、无污染的保鲜材料被广泛应用，其中壳聚糖膜是使用较多且效果较理想的膜材料。壳聚糖涂膜剂对于保持草莓的颜色、风味、硬度等外观效果具有重要作用，同时还可以延缓草莓的褐变，目前市场应用效果反响良好。

外施化学保鲜剂：指使用一些高效的杀菌剂、防腐剂对草莓果实表面进行处理，以达到延长草莓储藏期限，并提高其保鲜效果。植酸是一种天然无毒害的保鲜剂，生产成本低、施用方便。植酸建议施用浓度为0.05%～0.15%，作用主要为延缓草莓果实衰老，保持其中的维生素、还原糖的含量，延长保质期。

草莓为非呼吸跃变型果实，因而其果实成熟不受乙烯调控，也不存在采后生理后熟现象。从植物生理学角度出发，草莓果实不受乙烯等化学催熟剂的催熟诱导，同时草莓果实外果皮极薄，容易被外源化学物质穿透，生产上至今尚没有化学催熟剂的使用。

92 草莓鲜果包装有哪些新形式？

由于我国物流业的迅猛发展，以江苏为例，生产的草莓北可销至东北，南可销至广东、海南，除了得益于迅捷的快递物流，多形式、高保护性的草莓包装功不可没。当前，长距离快递草莓多采用独立包装的形式，包括独立网套（图9-1）、泡沫或者海绵垫底（图9-2、图9-3）、独立塑料或纸盒外包装（图9-4、图9-5）。草莓短距离运输包装可采用单层草莓的塑料小盒包装

（图9-6）及泡沫盒上垫草莓叶片或碎纸屑起缓冲作用进行包装。

图9-1　独立网套包装

图9-2　泡沫垫底包装

图9-3　海绵垫底包装

图9-4　独立塑料包装

图9-5　纸盒外包装

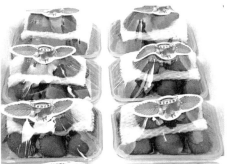

图9-6　塑料小盒包装

93 草莓鲜果销售的新兴领域有哪些？

利用互联网技术的电商运营模式，是目前果品销售尤其对鲜果稀少的冬春上市的草莓销售更是绝佳机遇。如前所述，新型草莓包装尤以独立包装的研发与应用使得草莓无损、快速地进行长距离运输成为可能。草莓作为冬春上市水果，其果实颜色和香气诱人，又恰逢元旦和我国传统节日春节上市，颇受喜欢通过电商购物的年轻消费者喜爱。据不完全统计，电商销售草莓平均售价较传统零售模式的平均售价利润高30%以上。目前我国新农村建设和新型农民培训蓬勃发展，电商运营将会是草莓未来销售越来越重要的模式，广大草莓种植者和莓农培训组织应该学会并掌握电商销售方式和技巧，同时当地政府或者合作社要积极响应并提供电商销售的相关配套支持，切实做好服务"三农"的工作，使莓农喜欢并愿意利用电商新零售模式，从而进一步提高草莓果品的销售利润。

草莓观光采摘作为新型的"果品销售＋观光旅游"新销售模式，虽然对草莓种植地点具有一定的约束力（一般城市周边或者靠近马路更具优势），但是随着我国私家车的普及，莓农在做好互联网、本地生活信息及交易平台等宣传的前提下，观光采摘对提高草莓附加值，尤其对提高春季后期上市的果品附加值尤为突出。同时，建议具有一定客源基础的莓农适当拓展新型草莓种植模式和引进新奇、优异的草莓品种。例如，架设部分高架基质栽培设施，提供草莓少儿科普等软服务，引进红花草莓新品种，盆栽部分草莓以增加观光吸引点的同时，也可作为园艺微景观产品销售给顾客，多方位吸引客源，提高总体收入。

94 草莓采收后如何做好植株的养护？

草莓采收后，需要及时清理老叶、病叶及疏除残留的烂果、病果和畸形果。同时注意检查采收草莓时对植株造成的伤口或者伤害，及时喷施保护性药剂如代森锰锌、多菌灵，保护伤口免受病原菌侵染。用药后约2天，选择晴天上午9点左右对植株追加营养，因为该条件下植株叶面、根系对养分的吸收、转运等功能最强。追加的营养建议选择追施高磷、高钾的肥料或者喷施叶面肥，叶面肥尽量没有或者含有极少量赤霉素、芸苔素类物质，最终保证植株健康，新一茬果实能够健康和正常膨大发育。

第十章

草莓营销与文化

95 现有的草莓产品有哪些？

现有的草莓产品包括鲜食草莓果、草莓加工产品和草莓文创类产品，这些产品将草莓产业从种植销售延伸到深加工和文化创意领域。

鲜食草莓果通过市场批发、路边直卖、进入超市、礼品赠送、网络销售、园区自采方式进行销售，每种销售方式有其配套的包装和销售策略。

草莓加工产品包括速冻加糖草莓、冻干草莓、草莓脯、草莓罐头、草莓汁、草莓酱、草莓酒、草莓醋等。

草莓文创类产品包括与人们衣、食、住、行相关的草莓文化创意产品（图10-1），包括有草莓图案的衣物、书包、瓷器、纪念品，以草莓为主题的中西式餐点，以及草莓开关的蒙古包、景观小品、露天咖啡座、行走车等。

图 10-1 草莓文创类产品

96 草莓文化活动有哪些？

依托草莓产品，每年全国各地均举办草莓文化节。中国草莓文化节由中国园艺学会草莓分会发起，由举办地相关部门承办，聚集政府、科技界、产业界力量，每年在不同的城市举行，自2007年以来至2019年已连续举办了18届，是一场集草莓文化交流、学术交流、商贸交流于一体的全国性草莓大会。效仿全国性的草莓大会，各地每年也举办当地特色的草莓文化旅游节，促进当地草莓产业发展。2010年3月，在南京市溧水区傅家边村举办了第五届中国草莓文化节（图10-2），以"优质高效，持续发展"为主题，以草莓为媒，广邀全国各地高校、科研、行政、技术推广、生产单位、外贸企业、莓农，进行草莓鲜果擂台赛、学术交流、商贸交易和文旅观光。2012年2月，第七届世界草莓大会溧水分会场活动迎来11个国家的28位主会场代表与江苏省各界草莓同仁汇聚一堂，这些活动的举办极大地扩大了傅家边草莓在国内外的影响力，形成"北有昌平、南有傅家边"的草莓格局，成为江苏草莓的一张名片。

图 10-2 草莓文化节

现在的草莓消费市场如何？

　　草莓消费群体渐趋年轻化且女性占主导地位，线上消费渐成热门渠道，小分量包装受欢迎程度更高，消费者对草莓品种偏好有分化倾向，但品牌感知度不高。价格和新鲜度是影响草莓销售量的决定性因素，农药残留成为约束草莓消费的关键因素，因此，需给消费者"买得安全，吃得放心"的保证。由于年轻群体渐成消费新引擎，消费需求更趋多样化，包装小型化趋势显著，购买数量减少，但购买次数增加；讲究质量、追求美观精品化的消费者越来越多，销售逐渐转向线上渠道，消费者体验决定成败。因此，在销售时要树立整体产品概念，包括草莓的核心产品、有形产品、附加产品（延伸产品），从口碑、品牌、设施等方面进行规划，选取适合的目标群体进行相应的草莓营销，差异化销售产品和服务，利用大众传播和数字传播进行草莓销售。

98 **现有的草莓品牌建设有哪些？**

　　（1）草莓产品品牌建设。目前，江苏草莓产业中对"企业+农户+基地""专业合作组织+农户"进行了标准化生产的组织，甚至部分农户，均有草莓品牌，这些品牌部分包括包装、标志、品牌文化及不同类型的销售方式。例如，江苏"黄川草莓"被批准为国家地理标志保护产品；江苏南京"金色庄园"品牌被中国优质农产品开发服务协会评估品牌价值为3.49亿元；江苏南京溧水草莓种植户的"班班草莓"自营品牌在淘宝平台上有众多粉丝，口碑营销初见效益。但目前品牌建设还存在一些问题，如品牌利用措施不够，草莓文化挖掘不足，产品包装形式多样化、精品化、时尚度不够，需挖掘、改良、加强整体品牌（包括鲜食、加工、文创）宣传策划营销和推介宣传等方面，从而提升品牌价值。

　　（2）草莓特色小镇。草莓特色小镇（图10-3）是以草莓产业为基础，建立当地草莓品牌，进一步开发农业潜力，立足于区域内独特的自然风光和人文资源，整合各类资源优势，以草莓文化为口号，打造集品牌农业生产、休闲观光旅游、综合旅游服务、有机生活体验、山水生态度假等功能为一体的特色鲜明的农业生态观光旅游产业，延伸草莓产业链，提升草莓产业附加值。江苏省南京市溧水区洪蓝镇草莓文旅小镇和徐州市铜山区新区街道的体验小镇均入围江苏 105 个农业特色小镇培育计划，两个小镇由于发展阶段、产业基础差异导致其在资源禀赋、生产模式、销售模式、带动作用等方面的运营模式上均有不同。在草莓特色小镇建设方面应根据自己特点找准产业定位，做好配套营销。

图 10-3　草莓特色小镇

99　草莓营销策略有哪些？

草莓营销策略包括产品策略、价格策略、渠道策略、促销策略等。

（1）**产品策略**。产品策略包括草莓品种、种植面积、草莓包装、草莓品牌等。江苏省草莓种植品种丰富，主要品种为红颊、宁玉、宁丰、紫金久红、久香、章姬等，也有少量新品种如桃熏、白雪公主等。江苏省目前中等规模（5～10亩）草莓种植户占据主要种植群体，占比达50.91%；小规模（小于5亩）草莓种植户占比33.94%；大规模（大于10亩）草莓种植户占比15.15%。草莓产品没有包装的现象普遍存在，在销售中并未引起足够重视，在带有包装的草莓产品中泡沫包装箱占比较高，重视包装程度总样本均值在0.67（总分为5），整体比重偏低。在草莓营销过程中，大多数的草莓种植户没有建立自己的草莓品牌。在产品的包装上，有品牌农户中44%设计了自己的包装，并且在包装上有LOGO、电话、地址等相关信息，方便顾客二次购买。而在无品牌农户中，没有一家农户有自己的包装，而是采用市场上通用的包装，不容易给消费者留下固定的印象。在产品的宣传上，有品牌农户参与产品推广的积极性远远高于无品牌农户，参与草莓节、农博会、农展会等的积极性较高。但是有品牌农户的宣传也只是一种被动式宣传，在宣传方式上缺乏创新，宣传力度也较小。有品牌产品均通过了无公害农产品的认定，而无品牌产品中有42.55%尚未进行任何产品认证活动；在农产品有机产品认证、绿色食品认证上，无品牌农户的参与度接近为0。

（2）**价格策略**。江苏草莓价格整体呈现上涨的市场态势，2010年草莓市场均价为21320元/吨，2019年增加到26987元/吨，10年间增长了26.58%。2013年之前草莓价格上涨势头较缓，始终徘徊在22000元/吨，2014年之后草莓价格上涨速度加快，2018年达到了新高，2019年价格较为稳定。果实形状和大小、包装、顾客人群、不同果期均对草莓价格有所影响，20克以上、圆锥形、果色亮、头序果草莓价格最高；颜值高的精品包装、小包装，田间采摘和线上销售价格相对较高，直接销售给农村经纪人的价格则相对较低。

（3）**渠道策略**。江苏草莓种植农户销售模式有4种，即农户自销为主导、草莓协会为主导、农村经纪人为主导及合作社为主导。经纪人模式在江苏草莓产业里比较盛行；其次为合作社模式，能提供销售产品服务的合作社也相对比较成熟，农户通过合作社销售的数量占自身产量的30%以上，且销售价格会高于市场平均价格；农户自销为主导主要是采摘、微信及电子商务营销。

（4）**促销策略**。种植户在草莓营销过程中，促销策略应用相对较少，只有简单的宣传行为。

（100）国内外关于草莓品牌及文化建设的经验与启示有哪些?

（1）**优化草莓产业链**。优化草莓产业链是提高草莓市场竞争力的关键，包括产业链的延伸、提升及整合。产业链的延伸又分为纵向和横向，纵向从鲜食延伸至深加工环节或草莓文创产业；横向指通过兼并、重组等方式扩大龙头企业的经营规模，并增建相关产业链，使交错的链条构成网状结构，进而发展成为产业集群。草莓产业链的提升是提高草莓高附加值的有效途径，加强草莓产业各环节的创新研究（包括品种、生产、品牌、包装、物流、市场、售后服务等），提高草莓产业链整体素质，利用"互联网+"、社区支持农业模式等方式，促进草莓产业专业化分工，提高草莓生产效率，降低产业发展成本，保障产业发展优势。江苏御汤农业开发有限公司通过电商平台，实现年总销售收入

1000多万元，同时线上线下联动，带动了当地农家乐、草莓生产、采摘、观光、休闲、科普、体验、物流等项目综合发展。

（2）**草莓IP化改革。**所有拥有自己IP的草莓农场或草莓小镇，均有其共性特征如自然环境好等；拥有成熟的草莓市场，并开发相关草莓文创类衍生品；整合多种资源开展休闲观光旅游及科普教育等活动；在草莓农场或草莓小镇里有草莓相关设施、工艺及景观类创意性的设计。不同的园区具有明显的本土特色，在文化表达方式上又各有千秋，因此在打造草莓IP时，充分考虑本土特色、发展阶段，确定园区主题，根据主题开展创意，结合主题景观设计，加入休闲旅游和教育体验，利用先进的科技手段和工艺延伸产业链，从而形成自己的IP。

参 考 文 献

常琳琳，董静，钟传飞，等,2018.中国育成草莓品种的系谱分析［J］.果树学报,35（2）：
    158-167.

邓明琴，雷家军，2005.中国果树志—草莓卷［M］.北京：中国林业出版社.

姜卓俊，2001.草莓品种类型与栽培形式［J］.中国果树（2）：47-48.

雷世俊，赵兰英，2010.草莓种好不难［M］.北京:中国农业出版社.

李世平，邓明琴，1990.草莓栽培品种类型及译名［J］.北方园艺（z1），27-29.

苗璐，2006.草莓生长发育及对环境条件的要求［J］.北方园艺（3）：87.

王庆莲，赵密珍，吴伟民，等，2016.五个草莓新品种［J］.果农之友，9：12-13.

王庆莲，赵密珍，王壮伟，等，2017.红花草莓新品种'紫金红'［J］.园艺学报，44（12）：
    2425-2426.

王壮伟，袁骥，赵密珍，等，2012.优质抗病设施草莓新品种——'宁丰'的选育［J］.果
    树学报，29（5）：958-959.

严纪发，2005.草莓对环境条件的要求［J］.现代农业科技（1）：17.

赵帆，赵密珍，王钰，等，2017.草莓不同连作年限土壤养分及微生物区系分析［J］.江苏
    农业科学，45(16)：110-113.

赵密珍，王桂霞，钱亚明，等，2006.草莓种质资源描述规范和数据标准［M］.北京：中
    国农业出版社.

赵密珍，王静，袁华招，等，2019.草莓育种新动态及发展趋势.植物遗传资源学报，20（2）：
    249-257.

赵密珍，王壮伟，钱亚明，等，2011.草莓新品种'宁玉'［J］.园艺学报，38（7）：1411-
    1412.

赵密珍，王壮伟，钱亚明，等，2012.草莓促成栽培极早熟新品种宁玉的选育［J］.中国果
    树，6：8-9.

CHEN PENG，WANG，YU ZHU，LIU QI ZHI，et al.，2020. Phase changes of continuous
cropping obstacles in strawberry（*Fragaria* × *ananassa* Duch.）production［J］. Applied Soil

Ecology，155，103626，doi:10.1016/j.apsoil.2020.103626.

ZHAO MI ZHEN，WANG ZHUANG WEI，WANG QING LIAN，et al.，2017. A new strawberry cultivar 'Zijin Jiuhong' ［J］. Acta Horticulturae，1156（51）：131–133.